Untersberger Marmor

Entstehung - Abbau - Verwendung - Geschichte

2. Auflage

Christian F. Uhlir & Peter Danner (Red.)

> *Bibliographische Information Der Deutschen Bibliothek: Die Deutsche Bibliothek verzeichnet diese Publikation in der Deutschen Nationalbibliographie; detaillierte bibliographische Daten sind im Internet über http://dnb.ddb.de abrufbar.*

Impressum:
© Christian F. Uhlir & Peter Danner
Umschlaggestaltung: Christian Uhlir
Herstellung und Verlag: Books on Demand GmbH, Norderstedt
ISBN 978-3-8370-6881-8

Vorwort zur 2. Auflage

Der Untersberger Marmor wird seit fast 2000 Jahren in Architektur, Kunst und Innenausstattung eingesetzt. Dieser einzigartige Stein war vor allem in der Renaissance, dem Barock und der Gründerzeit eines der beliebtesten Gesteine in Mitteleuropa für die Ausstattung von Kirchen und Palästen und staatlichen Repräsentationsbauten. In den letzten Jahrzehnten wird er wieder verstärkt in der modernen Fassadengestaltung und Innenarchitektur eingesetzt. Daher war es an der Zeit, diesem bedeutenden Salzburger Dekorgestein eine umfassende Darstellung zu widmen. Diese neu überarbeitete Auflage kam auf Wunsch des Untersbergmuseums und der Firma Steindl zustande. Der gesamte Text wurde überarbeitet und ergänzt, das Kapitel Historische Texte wurde neu aufgenommen und das Bildmaterial erweitert.

Vorwort zur 1. Auflage

Dieses Werk entstand für das Steinfest 2006 der Steinmetzmeister Salzburgs, veranstaltet von der Landesinnung der Salzburger Wirtschaftskammer. Für das Zustandekommen dieser Arbeit über den Untersberger Marmor bedanke ich mich für die Unterstützung und die wertvollen Hinweise der Firmen Wallinger und Kiefer, des Steinmetzmeisters Walter Paulus und meines Freundes und Lehrers Wolfgang Vetters. Meiner Lektorin sei an dieser Stelle besonders gedankt. Aus Gründen der Lesbarkeit sind Literaturzitate hinten angestellt.

Inhalt

Einleitung	1
Entstehung des Untersberges und des Marmors	2
Die Entstehung des Untersberges und seiner Gesteine	3
Der Nordschub der Kalkalpen	7
Entstehungsbereich des Untersberger Marmors	7
Entstehung des Untersberger Marmors	9
Der Aufstieg der Alpen und die jüngsten Eiszeiten	11
Geschichte des Steinabbaus und seiner Verwendung	13
Im Staatsbesitz des Römischen Imperiums	13
Im Eigentum der Erzbischöfe	16
Besitzverhältnisse nach der Säkularisierung Salzburgs 1803	22
Abbau und Verwendung von der Gründerzeit bis heute	24
Historische Texte zu den Steinbrüchen	29
Ein Steintransport als Publikumsattraktion	29
Der Steinbruch als Ausflugsziel	30
Der Steinbruch als Basislager botanischer Forschungen	35
Die Kugelmühlen	36
Der Steinbruch als Bildhaueratelier	38
Literatur zu den historischen Texten	39
Materialeigenschaften und Verwitterung	40
Materialeigenschaften des Untersberger Marmors	41
Die Sorten und Handelsbezeichnungen des Untersberger Marmors	44
Die Verwitterung des Untersberger Marmors	48
Steinpflege und Prophylaxe	52
Steinrestaurierung und Steinkonservierung	53
Erfahrungen des Salzburger Bildhauers und Restaurators Walter Paulus mit Untersberger Marmor	54
Steinbrüche und Abbaumethoden	57
Die Steinbrüche	57
Blockgröße und Anteil der verwertbaren Werksteine	60
Abbaumethoden im Wandel der Zeiten	61
Schlusswort	65
Verwendete Literatur	65
Anhang	66
Empfehlungen für Hausfrauen und Hausmeister	66
Empfehlungen für Architekten	67
Steckbrief	70

Einleitung

Der Untersberger Marmor kommt am nördlichen Abhang des Untersberges (Nördliche Kalkalpen) bei Fürstenbrunn südlich der Stadt Salzburg vor. Das in der Oberen Kreidezeit vor ca. 85 Millionen Jahren entstandene Gestein ist ein Brandungsschutt (Brekzie), der aus den älteren Gesteinen des Untersberges (vorwiegend Dachsteinkalk und Plassenkalk) gebildet wurde. Das sehr dichte und verwitterungsbeständige Gestein setzt sich aus feinkörnigen Bruchstücken und Geröllen, die mit Kalkspat verkittet wurden, zusammen. Mitunter sind grobe runde (konglomeratische) oder eckige (brekziöse) Komponenten in den Untersberger Marmor eingelagert. Das Gestein variiert farblich von hell beige (mit roten Tupfen) bis rosa und rötlich, selten ist es gelb. Das seit der Römerzeit abgebaute Material wird heute im tieferen Kieferbruch, der aus älteren Brüchen zusammenwuchs, und in den höheren Mayr-Melnhof-Brüchen abgebaut. Der westlich davon gelegene Veitlbruch wurde 1949 stillgelegt.

Die außerordentliche Festigkeit und Wetterbeständigkeit des Gesteins erlaubt eine Ausarbeitung kleinster freiplastischer Formen sowie weitausladender Teile. Einen ersten Höhepunkt erfuhr die Marmorverarbeitung im 16. Jahrhundert: Untersberger Marmor war damals der Statuenmarmor schlechthin; er war in ganz Mitteleuropa weit verbreitet. In der Gründerzeit war er besonders in Österreich-Ungarn und Deutschland der beliebteste Baustein für Fassaden von Repräsentationbauten.

Römisches Delphinrelief aus Untersberger Marmor, Salzburg Museum
Bild: Christian Hemmers, Linz.

Entstehung des Untersberges und des Marmors

In Reiseberichten und in Sagen des 19. Jahrhunderts liest man häufig von den rötlichen marmornen Felsen des Untersberges oder von Kaiser Karl, der im prächtigen Marmorsaal sitzt. Es ist jedoch (im Verhältnis zum mächtigen Bergstock) nur eine dünne Gesteinsschicht an der unteren Nordflanke des Untersberges tatsächlich jenes Gestein, das als Untersberger Marmor bezeichnet wird.

Die Bezeichnung „Marmor" leitet sich aus dem Steinmetzhandwerk ab. Dort wird ein polierfähiger Kalkstein als „Marmor" bezeichnet. Im geologischen Sinne ist er eine Feinbrekzie mit vereinzelten konglomeratischen oder brekziösen Lagen; ein ins Meer gerutscher und dort abgelagerter alter Sandstrand, der aus den unterschiedlichen Gesteinen des Untersberges entstand, die in der Brandung des Gosaumeeres vor 85 Millionen Jahren gebrochen und zermahlen wurden.

Die Ansicht des Untersberges zeigt einen Ausschnitt des Salzburgpanoramas: Der Untersberg bei Salzburg von Friedrich Loos, 1830, Bild: Salzburg Museum.

Der Untersberg ist durch sein markanten Profil weithin sichtbar. Als Eckpfeiler der Berchtesgadener Kalkalpen springt er weit ins Salzburger Becken vor. Er liegt inmitten eines uralten Siedlungsgebietes zwischen den Städten Berchtesgaden, Bad Reichenhall und Salzburg. Gesegnet vom Reichtum der Salzvorkommen befindet er sich seit jeher am Schnittpunkt von Handelswegen. Aus der Vogelperspektive zeigt sich der Berg als eine leicht nach Norden geneigte, geköpfte, dreiseitige Pyramide. Sein Plateau erstreckt sich auf einer Fläche von 17 km².

Es ist geprägt von sanften Kuppen, verfügt allerdings über keine markanten Gipfel. Es ist umgeben von sehr unterschiedlich gestalteten Bergflanken. Die Form der Hänge wurde durch die schürfende Wirkung der Gletscher und durch nachfolgende Rutschungen und Stürze gestaltet.

Die Entstehung des Untersberges und seiner Gesteine

Das Massiv des Untersberges gehört zu den Nördlichen Kalkalpen. Die Bildung ihrer Gesteine, ihre Platznahme in heutiger Position und die Herausarbeitung ihrer heutigen Form zieht sich über den fast schwindelerregenden Zeitraum von 260 Millionen Jahren. In diesem Zeitraum entstanden in Europa die Gesteine der Ost- und Westalpengebirge. Ihre Fortsetzung bilden die Karpaten. In mittlerweile verschwundenen Ozeanen und Meeren entstanden die Gesteine von zwei Gebirgszügen, die sich im Bereich der Alpen übereinander schoben und während der letzten 25 Millionen Jahre herausgehoben wurden. Durch diese „Zwei Gebirge in Einem" wurden die Alpen zu einem eher untypischen Gebirgszug und bereiten mit einer Reihe lange nicht gelöster Probleme den Forschern bis heute große Schwierigkeiten.

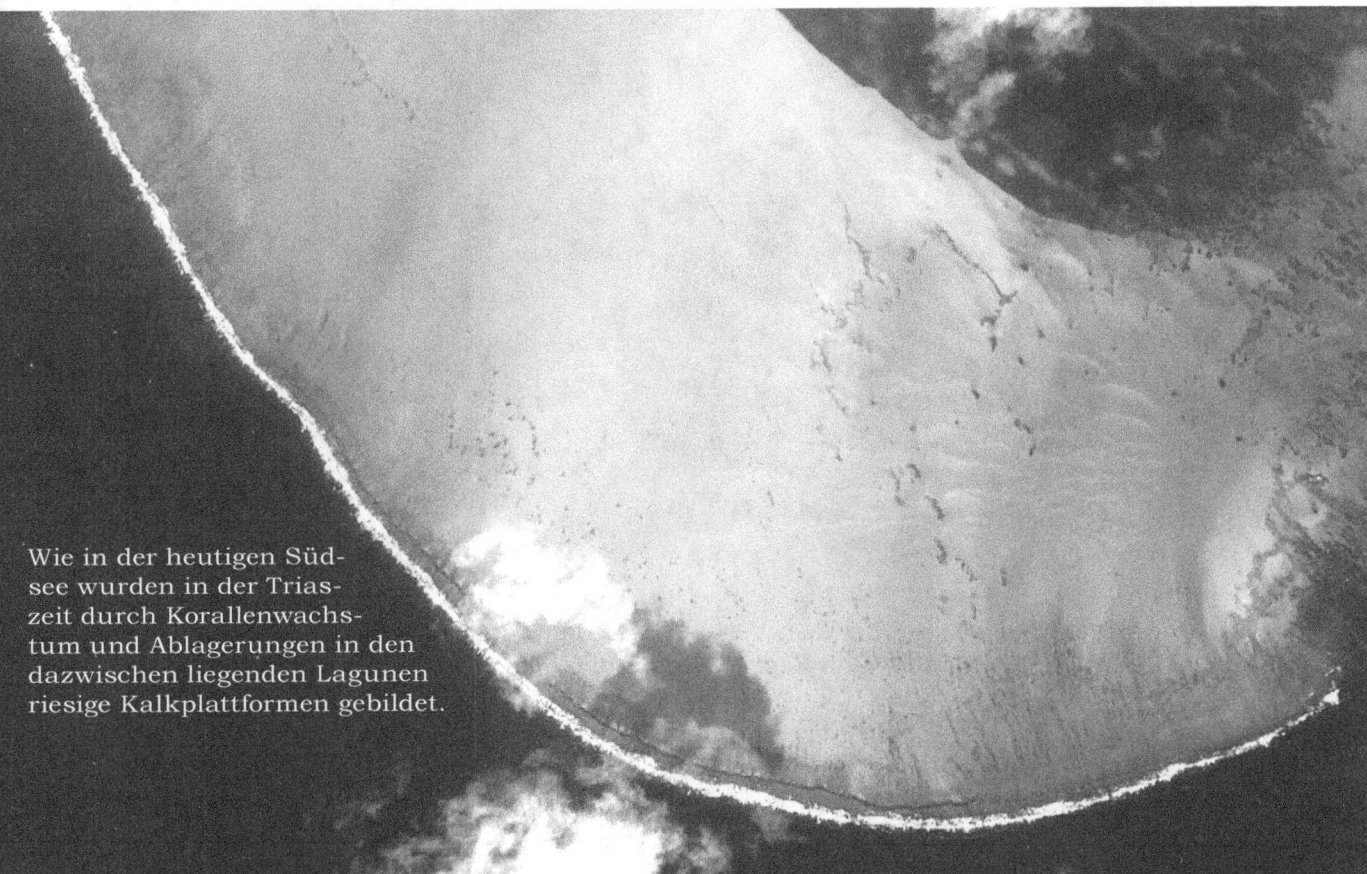

Wie in der heutigen Südsee wurden in der Triaszeit durch Korallenwachstum und Ablagerungen in den dazwischen liegenden Lagunen riesige Kalkplattformen gebildet.

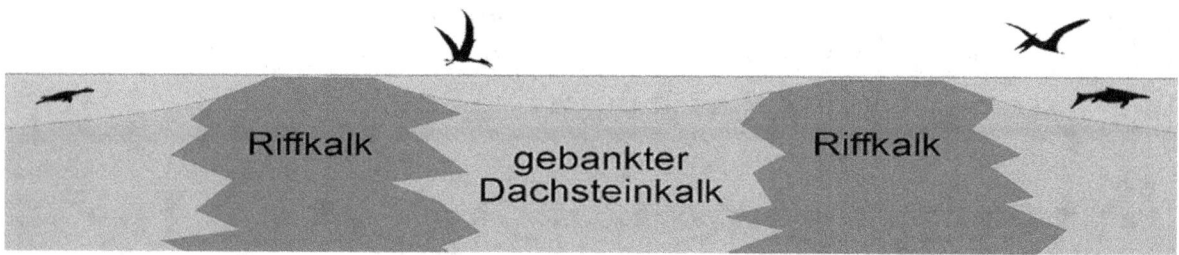

Bis zu 1000 m mächtige Kalkablagerungen entstehen durch langsames Absinken der Erdkruste, permanentes Riffwachstum und Ablagerungen in den Lagunen.

Die heutige Position des Untersberges ist das Resultat von großräumigen Kontinentalverschiebungen (Plattentektonik). Die innere Struktur der Kalkgesteine sowie die der umgebenden Kalkberge wurde durch lokal wirksame Bruchsysteme und Verschiebungen in der Erdkruste geformt. Der letzte Schliff, der den Kalkbergen die heutige Form gab, vollzog sich während der klimatisch turbulenten Periode der jüngsten Eiszeiten.

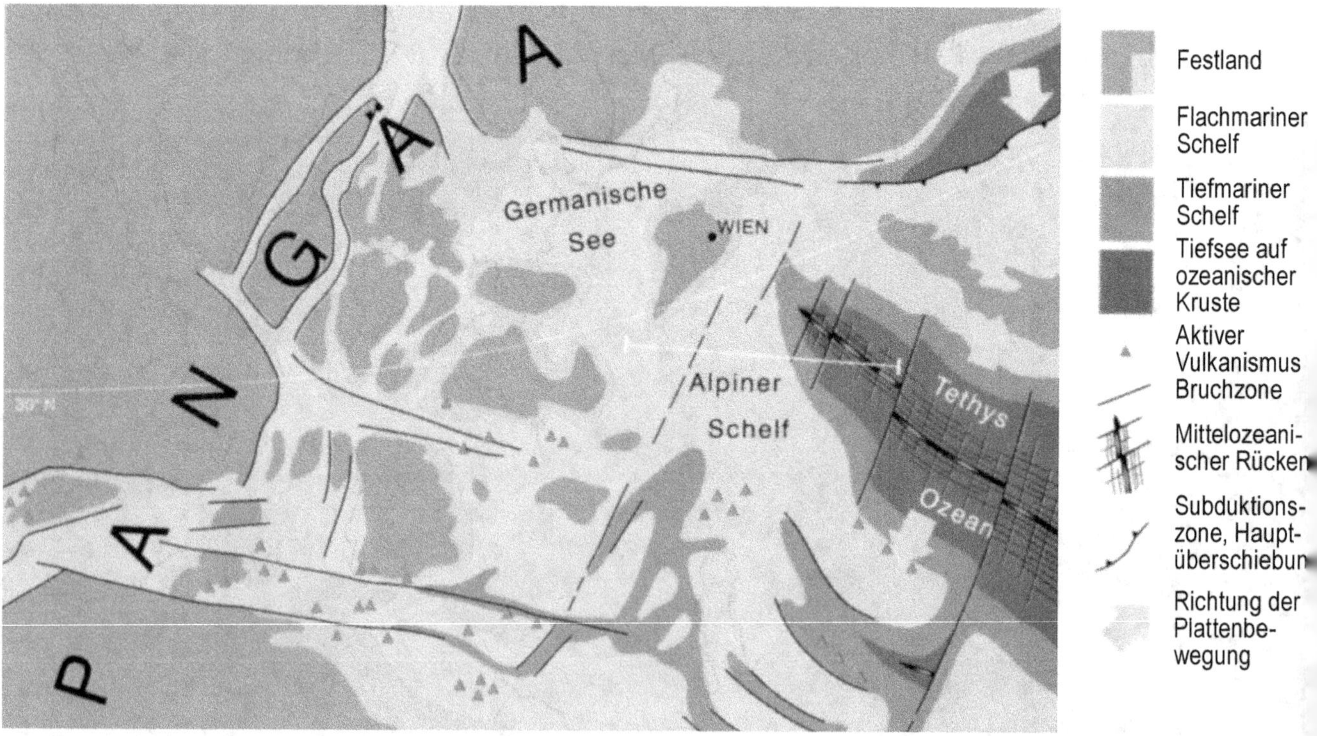

Rekonstruktion der geographischen Verhältnisse der Triaszeit vor ca. 210 Mill. Jahren. Übernommen und verändert aus Rocky Austria der Geologischen Bundesanstalt Wien.

Mit dem langsamen Absinken der kontinentalen Kruste des Urkontinentes Pangäa im beginnenden Erdmittelalter breitete sich das Urmeer Tethys aus. Schließlich bildeten sich in der Triaszeit (250 - 200 Millionen Jahren) unter tropischen Bedingungen Korallenriffe und flache Lagunen. Der Hauptteil der Kalkalpen (Dolomit und Dachsteinkalk) entstand durch das fortgesetzte Absinken des kontinentalen Schelfs (der Unterlage der heutigen Ostalpen und Karpaten) sowie durch kontinuierliches Korallenwachstum und durch die stetige Ablagerung von Lebensresten in den Lagunen.

Der eigentliche Zerfall von Pangäa beginnt während der unteren Jurazeit, also vor ca. 190 Millionen Jahren. Südamerika trennte sich von Afrika, und im heutigen Alpenraum entstand zwischen Afrika und Europa der „Penninische Ozean". In diesem sich bis auf 1.000 km ausdehnenden Ozean, der östlichen Fortsetzung des Atlantiks, entstand mit neuer ozeanischer Kruste und den sich absetzenden Meeresablagerungen das Baumaterial, aus dem die Westalpen gebildet sind.

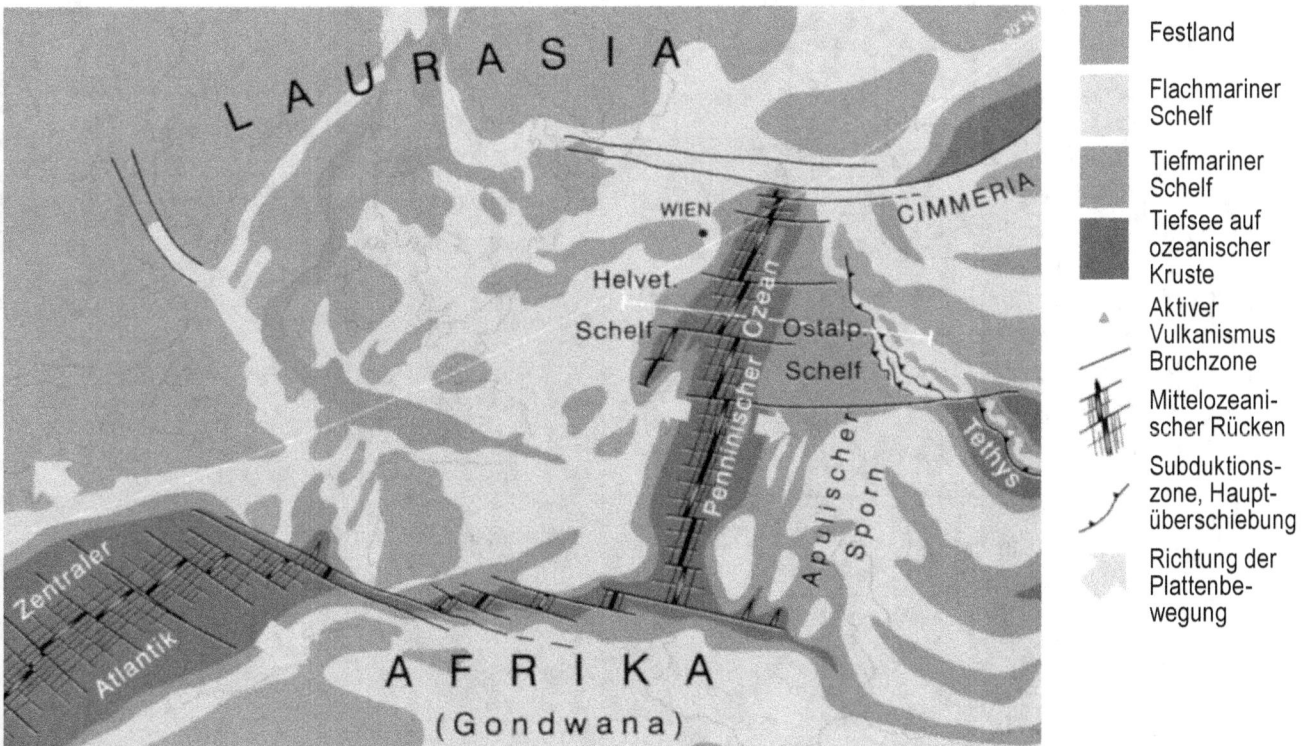

Rekonstruktion der geographischen Verhältnisse im Oberjura, vor ca. 150 Mill. Jahren. Übernommen und verändert aus Rocky Austria der Geologischen Bundesanstalt Wien.

Der Bereich der Ostalpen, der Teil der Afrikanischen Platte war, verschob sich ins offene Meer der Tethys. Die Unterlage der Ostalpen senkte sich weiter ab - die Folge war ein Massensterben der Korallenriffe. Die Meeresablagerungen der Jurazeit entstanden in tieferem Wasser, sind meist rot gefärbt und von geringer Dicke (Liaskalke, z. B. Adneter Marmor). Korallenriffe, aus denen der weiße Plassenkalk der oberen Jurazeit entstand, sind eher selten.

Geologische Zeittafel				Milionen Jahre
PHANEROZOIKUM				
KÄNOZOIKUM	QUARTÄR		HOLOZÄN	0,01
			PLEISTOZÄN	1,75
	TERTIÄR	NEOGEN	PLIOZÄN	5,3
			MIOZÄN	23,8
		PALÄOGEN	OLIGOZÄN	33,7
			EOZÄN	54,8
			PALEOZÄN	65
MESOZOIKUM	KREIDE		OBERE	99
			UNTERE	142
	JURA		MALM	159
			DOGGER	180
			LIAS	206
	TRIAS		OBERE	227
			MITTLERE	242
			UNTERE	248
PALÄOZOIKUM	JUNG-	PERM	OBERES	256
			UNTERES	290
		KARBON	OBERES	323
			UNTERES	354
	ALT-	DEVON	OBERES	370
			MITTLERES	391
			UNTERES	

Die wesentlichen geologischen Ereignisse, die zur Entstehung des Untersberges und des Marmors führten:

Formgebung und Abtrag während der jüngsten Eiszeiten

Beginn des Aufsteigens der Alpen und Abgleiten der Kalkalpen nach Norden

Entstehung des Untersberger Marmors im Gosaumeer

Nordschub der Kalkalpen

Ablagerung des Plassenkalkes

Ablagerung der Adneter Kalke

Riff- und Lagunenablagerungen des Dolomits und des Dachsteinkalkes

Beginn der Absenkung der kontinentalen Kruste Pangäas

Der Nordschub der Kalkalpen

Von der Oberen Jura- bis in die Untere Kreidezeit (vor 160 bis 110 Millionen Jahren) entstand der eigentliche Bau der Ostalpen und der Karpaten. Mit der Öffnung des Penninischen Ozeans auf eine Breite von ca. 1.000 km entstand entlang der zentralen Bruchzonen laufend eine neue ozeanische Erdkruste. Als Ausgleich dafür verkleinerte sich die Kruste der Ostalpen. Sie wurde an ihrem Südrand in die Tiefe des Erdmantels gezogen. Die auflagernde, bereits starre Decke der heutigen Kalkalpen mitsamt der älteren Unterlage aus älteren Schiefern wurde zusammengeschoben. Die Kalkalpen zerbrachen dabei in einzelne Teildecken. Diese für die Ostalpen typischen Decken werden durch das laufende Einengen am Südrand von Süden her dachziegelartig nach Norden übereinander geschoben, gefaltet, verkippt und zerlegt.

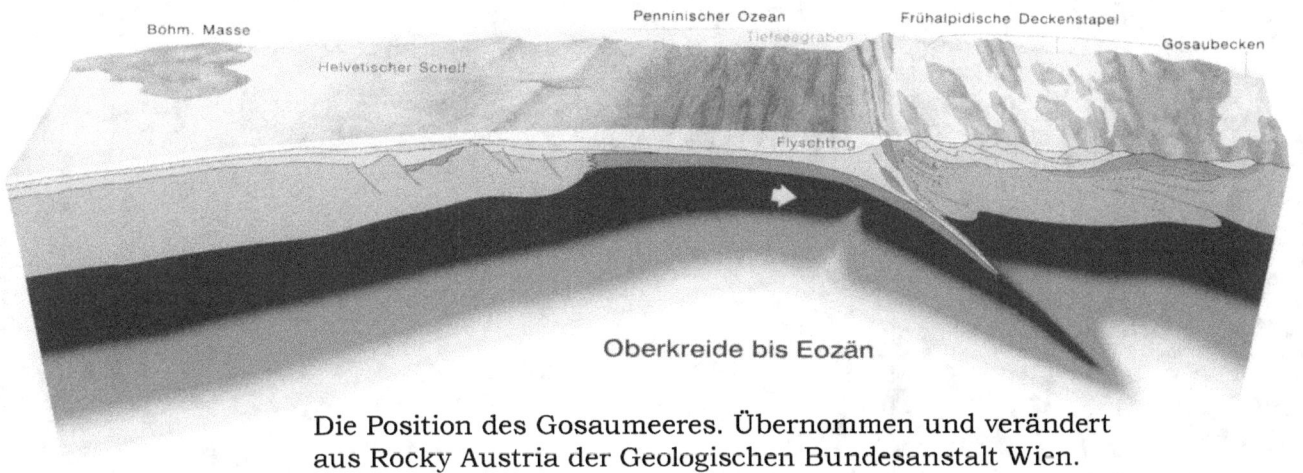

Die Position des Gosaumeeres. Übernommen und verändert aus Rocky Austria der Geologischen Bundesanstalt Wien.

Entstehungsbereich des Untersberger Marmors

Ab der Mittleren Kreidezeit (vor ca. 100 Mill. Jahren), zur Zeit der Entstehung des Nordatlantiks, wurde der Südrand der Kruste des Penninischen Ozeans samt ihrer Sedimentauflage unter die Ostalpen gezogen. Ein Teil davon schmolz in der Tiefe auf, drang wieder an die Oberfläche: Unter heftigen Vulkanausbrüchen entstand nun zwischen dem Schelfgebiet am Nordrand der Kalkalpen und dem Penninischen Ozean eine Inselkette als Barriere. Das Gosaumeer lag zwischen dieser Inselkette und dem Nordrand der Kalkalpen. Damals hoben sich auch das erste Mal die Kalkalpen aus dem Meer. Gleichzeitig sanken in der Oberen Kreide (vor ca. 85 Millionen Jahren), bedingt durch großräumige Ost-West verlaufende Verschiebungen am Nordrand der Kalkalpen, Teile davon ab und wurden vom Gosaumeer überflutet. Im Salzburger Bereich entstand dabei ein von Ost nach West verlaufendes Einbruchsbecken, das von Salzburg bis nach Bad Reichenhall reichte.

Im flachen Meeresbecken bildeten sich aus dem Schutt der Kalkalpen Mergel, Sandsteine und Konglomerate, die heute den Morzger Hügel, die Basis des Hellbrunnerberges und den Schlossberg bei Glanegg aufbauen. Das Gosaumeer verlandete vor ca. 50 Millionen Jahren unter der Bildung von Seeablagerungen mit Sand und Schotterschichten, die unbedeutende Kohlevorkommen enthalten.

So könnte die Felsküste des Gosaumeeres zur Mittleren Kreidezeit ausgesehen haben. In der Brandung wurden die älteren Gesteine des Untersberges zerbrochen. Sand und Schutt, vermischt mit eingespülten roten Böden, rutschten bei Stürmen ins Meer ab.

Entstehung des Untersberger Marmors

Zur Zeit der oberen Kreide (unteres Santon) herrschten tropische Bedingungen. Das aus dem Meer herausragende Kalkgestein verwitterte zu roten Böden (Laterit). An der Nordflanke des damals nur wenig aus dem Meer herausragenden Untersberges brandete das Gosaumeer. Es arbeitete entlang der Felsküste die Gesteine des Untersberges (vorwiegend Dachsteinkalk, Plassenkalk und rote Liaskalke) zu einer Brandungsbrekzie auf. Der dabei entstandene Sand und Schutt, vermischt mit Bruchstücken der Schalen von Meerstieren und vom Land eingeschwemmten und eingewehten roten Böden, rutschte ins Meer und wurde durch Sand- bzw. Schuttströme in tiefere Lagen transportiert. Dort wurde er auf den Gesteinen des Untersberges abgelagert - von Fürstenbrunn bis zum Veitlbruch auf Plassenkalk, und weiter westlich teils auf Plassenkalk und teils auf Dachsteinkalk. Die Bankungsfugen entstanden durch die Ablagerung feinster Tontrübe zwischen den Ablagerungen der einzelnen Sand- und Schuttströme. Nach der Ablagerung wurde das Material verdichtet und durch Verkittung mit Kalkspat zum Untersberger Marmor verfestigt.

Der Wechsel von grobkörnigem (brekziösem) Brandungsschutt und feinkörnigen sandigen Lagen. Die dunklere (rötliche) Färbung bedeutet einen höheren Anteil von eingeschwemmtem Bodenmaterial.

An der Basis zum Plassenkalk findet sich häufig ein Konglomerat, vermischt mit rotem bauxitischem Letten (ehemalige Böden). Der Untersberger Marmor ist als Abtragungsrest bis auf knapp 1.200 m Seehöhe erhalten. Er wird am Fuße des Berges von den Glannegger Schichten und den bunten Mergeln der Nierentaler Schichten überlagert. Die Mächtigkeit des Untersberger Marmors beträgt im Durchschnitt 35-40 m.

Versteinerungen sind relativ selten. Sie spielen im Gesamterscheinungsbild keine Rolle (Hippuriten, verschiedene Muscheln, Korallen und Mikrofossilien). Häufig sind 2-3 cm dicke Wurmgänge auf den Schichtflächen, die von den Steinbrechern als Zigarren oder Wurzen bezeichnet werden.

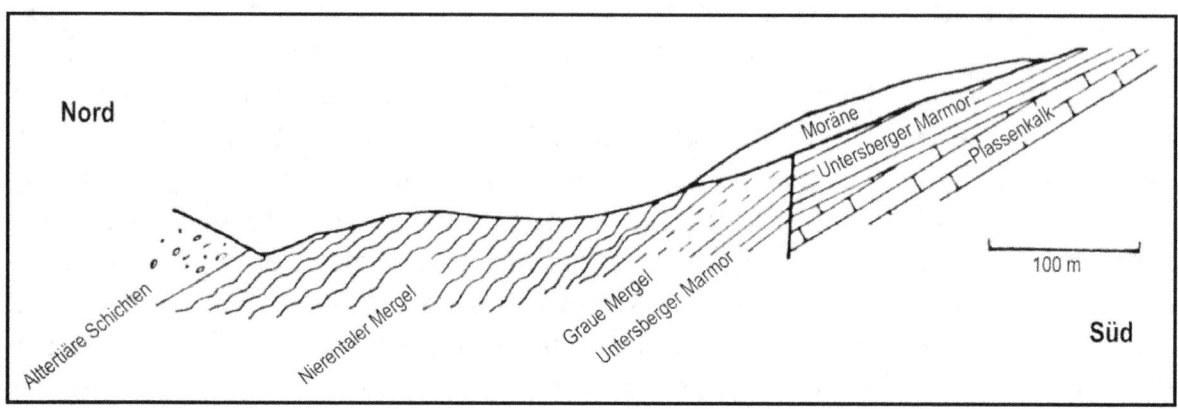

Geologischer Querschnitt am Fuße des Untersberges bei Fürstenbrunn, verändert nach B. Plöchinger 1980.

Der Aufstieg der Alpen und die jüngsten Eiszeiten

Die Afrikanische Kruste bewegte sich zusammen mit den Ostalpen - ebenfalls in der Erdneuzeit (vor 55-20 Millionen Jahren) - nach Norden. Dabei tauchte die Kruste des Penninischen Ozeans - Bestandteil der Westalpen - samt Ablagerungen und Vulkaninseln unter die Ostalpen ab. Sie wurden dabei in große Tiefe geschleppt und unter hohem Druck sowie unter hoher Temperatur in Kristallingestein umgewandelt. Unterhalb der Kalkalpen begannen die zuerst in große Tiefe gezogenen Gesteine der Westalpen, die heutigen Hohen Tauern, langsam aufzusteigen. Durch diese Aufwölbung glitt ein Großteil der Kalkalpen nach Norden ab; die Gesteine wurden dabei wieder übereinander geschoben, verkippt und zerbrochen.

Mit dem Verschwinden der Penninischen Ozeanischen Kruste kam es zur Kollision der Europäischen und der Afrikanischen Kruste. Dies verlangsamte die Einengung. Durch die bedeutende Krustenverdickung auf ca. 70 km begannen sich im Jungtertiär vor ca. 25 Millionen Jahren die Alpen herauszuheben (d. h. isostatisch aufzusteigen).

Maßgeblich für die heutige Gestalt des Untersberges war die schürfende Wirkung der Gletscher während der letzen Eiszeiten im Quartär (in den letzten 2 Millionen Jahren). Während der Eiszeiten war der gesamte Untersberg vergletschert und umflossen von großen Talgletschern. Er war bedeckt von einem Plateaugletscher, der entlang der Nord- und Südflanke abfloss, wobei die Kuppen der Hauptgipfel nahezu eisfrei blieben.

Der nach Norden abfließende Plateaugletscher formte an der Nordseite des Untersberges Troggassen. Die schürfende Wirkung der Gletscher wirkte entlang von Brüchen, die das Gestein zerbrochen hatten, dazwischen blieben widerstandsfähige Felsen bestehen. Dabei wurden auch Teile des Untersberger Marmors ausgeräumt. Am Fuße des Untersberges hinterließen die Gletscher eine Bedeckung mit Moränenschutt.

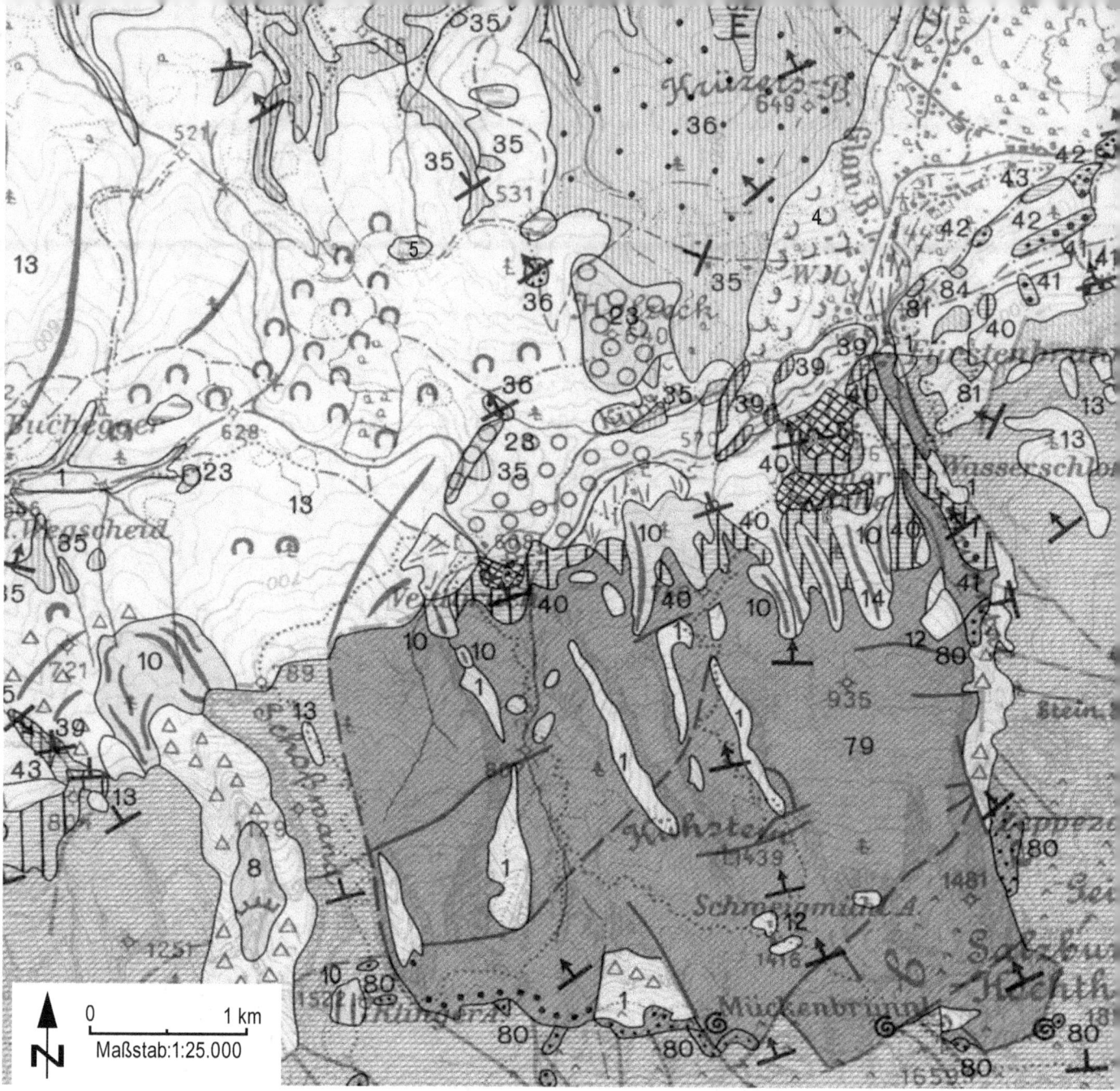

Vergrößerter Ausschnitt der Geologischen Karte 1:50.000 von Salzburg von S. Prey (1969). A = Kieferbruch, B = Mayr-Melnhofbrüche, C = Veitlbruch, 1 = Alluvionen, 4 = Rutschungen, 5 = Torfmoor, 8 = Gschnitz-Moränen, 10 = Schlern-Moränen, 12 = Moränen, 13 = Würm-Moränen, 14 = Moränenwälle, 23= Interglazialer Nagelfluh, 35 = Eozäne Mergel, 36 = Eozäne Sandsteine mit Mergel, 39 = Bunte Gosaumergel, 40 = Rudistenkalke und Untersberger Marmor, 41 = Konglomerate und Brekzien, 42 = Gosaukalke, 43 = Glanegger Schichten - Mergel, 62 = Erratische Blöcke aus Dachsteinkalk, 79 = Plassenkalk, 80= Hierlatzkalk, 81 = Dachsteinkalk, 84 = Ramsaudolomit.

Geschichte des Steinabbaus und seiner Verwendung

Römische Grabinschrift des P. Aelius Flavus, gefunden in Lambach/Oberösterreich, ausgestellt im Stadtmuseum Wels, ca. 1,5 t schwer, Bild: Stefan Traxler, Linz.

Im Staatsbesitz des Römischen Imperiums

Ein Kopf, der im Burgmuseum auf der Festung Hohensalzburg verwahrt wird, wurde bis in die 60-er Jahre des 20. Jahrhunderts als keltisch datiert. Heute geht man davon aus, dass er dem frühen Mittelalter zuzuordnen ist; damit liegt der früheste nachgewiesene Abbau in der römischen Zeit. Obwohl das keltische Königreich Noricum bereits 15 v. Chr. an das Imperium Romanum angegliedert wurde, dauerten die effektive Besitznahme und die Übernahme römischer Kultur einige Jahrzehnte. Im Zuge von Straßenbauprojekten des Kaisers Tiberius (14-37 n. Chr.) wurde die Provinz stärker an das Reich gebunden. Unter Kaiser Claudius (41-54 n. Chr.) erhielt Juvavum das Stadtrecht. In diese Zeit fällt auch ein Aufleben der Wirtschaft. Dies führte dazu, dass Rohstoffe für den Stadtausbau und den Straßenbau planmäßig gesucht wurden. Steinbrüche waren wie alle Bodenschätze im römischen Staatsbesitz, wurden jedoch für den Abbau an Private verpachtet. Untersberger Marmor wurde als Baustein für Tempel und Verwaltungsbauten sowie später auch für das Errichten von Villen verwendet. Auf Inschriftstafeln und Grabdenkmälern finden sich Informationen, die unser Wissen aus den sonstigen (spärlichen!) schriftlichen Quellen ergänzen. Juvavum, an einem wichtigen Knotenpunkt von OW und NS verlaufenden Handelsrouten gelegen, lieferte auch Marmorblöcke als Bausteine

Dieses Bildhauerlehrstück wurde in den Marmorsteinbrüchen am Untersberg gefunden und zeugt von römischer „Lehrlingsausbildung" an Blöcken, die nicht für die Herstellung von Werkstücken geeignet waren. Bild: Christian Hemmers, Linz.

für Tempel in einem Umkreis von ca. 140 km. Beispiele hierfür sind Säulen in Enns, Inschriftstafeln und Grabmonumente in Wels, Bausteine und Weihesteine in Seebruck am Chiemsee, Grabsteine im Salzkammergut sowie Gedenktafeln und Meilensteine bis über den Radstädter Tauern hin in den Lungau.

Interessant sind die Funde im Rothmannstal südlich von Passau jenseits des Inns. Der Inn wurde als Verwaltungsgrenze zu Rätien angenommen. Die Familiennamen auf Grabsteinen im Rothmannstal kennt man auch in Juvavum. In einer Juvavenser Mosaikmanufaktur wurden die lokalen bunten Marmorvorkommen zu Halbfertigware verarbeitet. Sie fanden innerhalb von Noricum in städtischen und ländlichen Villen Verwendung.

Der Abraum wurde sicher auch schon zur Römerzeit zu Brandkalk verarbeitet. Spuren des römischen Abbaus sind jedoch den späteren Vergrößerungen der Brüche zum Opfer gefallen.

Die Bausteine des römischen Kapitols von Juvavum, das im Bereich Residenzplatz-Kaigasse vermutet wird, wurden für den Bau der Fundamente des Virgildoms wiederverwendet. Viele Grabsteine und Teile von Denkmälern wurden in den Fundamenten von Kirchenmauern bei Restaurierungsarbeiten aufgefunden. Von der Verarbeitung in den Steinbrüchen zeugen Funde von Säulenrohlingen, Bruchstücke von Urnen und ein Bildhauerlehrstück. Ein Münzdepotfund in einer natürlichen Rinne (Karre) beim Veitlbruch lässt auf kriegerische Zeiten schließen.

Ausschnitt aus dem Felicitas-Mosaik mit hellen Steinchen aus Untersberger Marmor, Salzburg Museum, Bild: Norbert Heger, Salzburg.

Karte der Fundpunkte von römischen Denkmälern aus Untersberger Marmor.

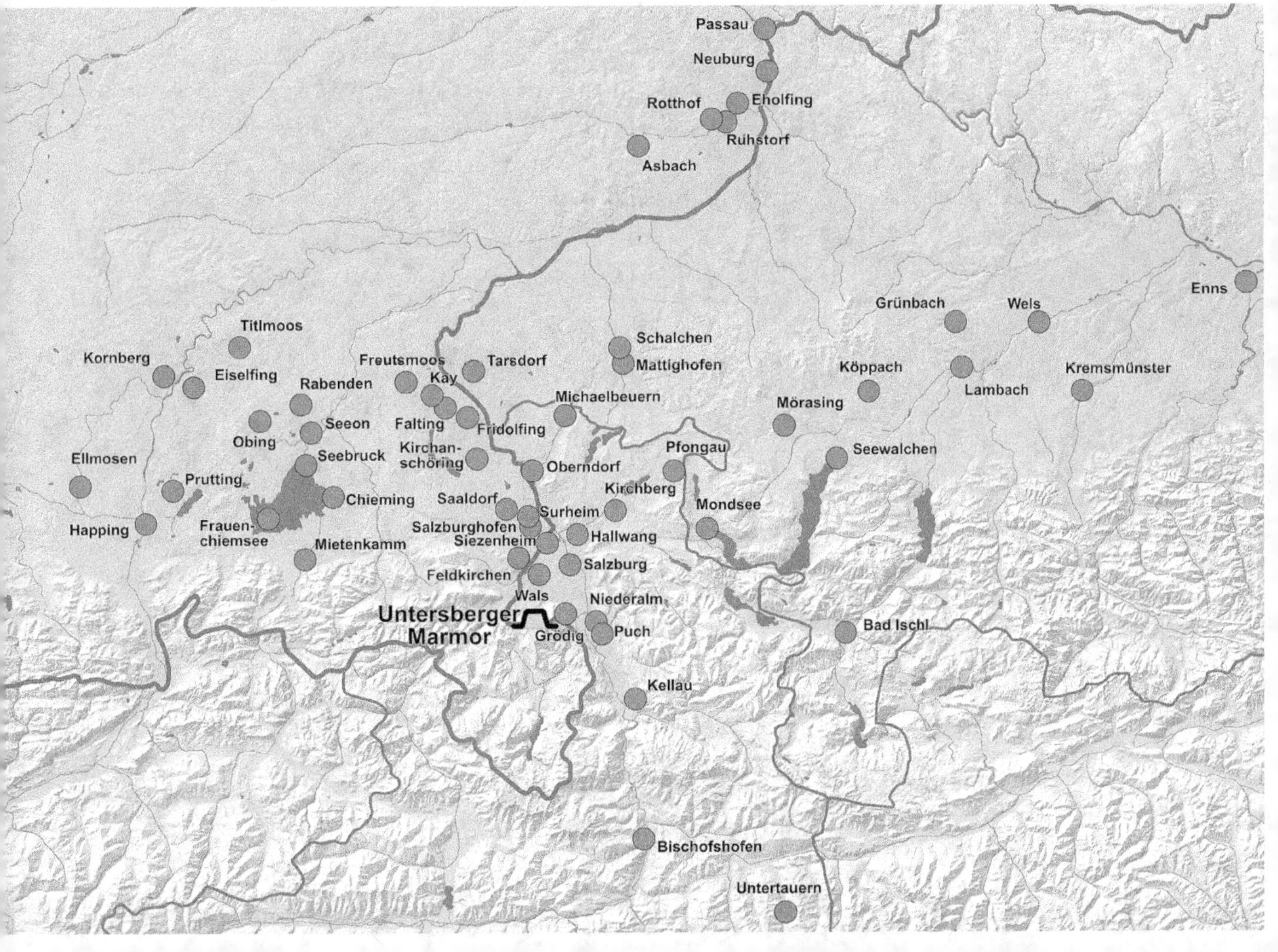

Im Eigentum der Erzbischöfe

Nachdem um 470 n. Chr., zur Zeit Severins, die Grenze des Römischen Imperiums von der Donau an die Südgrenze der Alpen verlegt wurde, kam der Marmorabbau vermutlich zum Stillstand. Von der Zeit der Völkerwanderung bis ins 8. Jahrhundert verwendete man den Stein aus den Ruinen der Römerbauten.

Die Verwendung dieses Steins lässt sich durch die mehr als 1.000-jährige Bau- und Kunstgeschichte des Salzburger Erzbistums hindurch verfolgen. Je nach Zeitgeschmack und Baustil tritt das Material mehr oder weniger auffällig in den Vordergrund. War der Farbkontrast von gelbem Untersberger und rotem Adneter Marmor bei romanischen Bauten in Salzburg und Umgebung beliebt und wurden romanische Löwen aus Untersberger Marmor hergestellt, fand der Untersberger Marmor in der Gotik hingegen kaum Verwendung.

Portal der Stiftskirche von St. Peter in Salzburg als Beispiel der Kombination von Untersberger Gelb und rotem Adneter Marmor.

Die Bearbeitung des Marmors war teuer, deshalb wurde er nur für besondere Zwecke herangezogen. So sind die Verkleidung der Hauptfassade am Dom und die Fenstergewände daraus gemacht, während die Masse des Bauwerkes aus dem leichter zu gewinnenden, vor Ort vorkommenden Mönchsbergkonglomerat gefertigt wurde.

Es wird angenommen, dass der Untersberger Marmor für die schwierigen Formen der Gotik zu schwer zu bearbeiten war. Denn erst mit der neuen Technologie des Härtens von Meißelspitzen nimmt in der Renaissance- und Barockzeit seine Verwendung sprunghaft zu. Diese Wende ist vor allem an den Bauten der Erzbischöfe zu erkennen.

Ab dem 16. Jahrhundert wurde der Untersberger Marmor zum Statuenmarmor und hochwertigen Naturstein schlechthin. Er wurde weit über die Grenzen des Erzbistums hinaus geliefert und fand für Kirchen, Klöster, und staatliche Repräsentationsbauten Verwendung.

Beispiel einer barocken Skulptur im Mirabellgarten Salzburg (Raptusgruppe).

Haupttor der Alten Salzburger Residenz. Beliebt war die Verwendung für die Gewandung von Toren und Portalen von Bürgerhäusern und Palästen.

Im Gebiet der ehemaligen österreich-ungarischen Donaumonarchie und in Deutschland zeugen noch Statuen und Pestsäulen von der weiten Verbreitung dieses Gesteins. Beispiele für die Verwendung von Untersberger Marmor im 16. bis 18. Jahrhundert sind Grabmäler und Altäre im Stephansdom in Wien, die Pestsäule am Graben in Wien (1679), eine

19

Statue für das Palais Liechtenstein in Prag (1711), der 1755 bis 1756 ausgeführte Hochaltar der Wallfahrtskirche von Sonntagsberg in Niederösterreich, die 26 m hohe Dreifaltigkeitssäule in Linz (1723), Architekturteile der Kirchen von Lambach und Stadl Paura. Beispiele für Salzburg sind die Fassade des Doms (1614-1655), die Quader der Dombögen, die Säulen und der Giebel der Vorhalle der Erhardskirche (1685-1688), zwei 7,9 m hohe Säulen der Kajetanerkirche sowie Architekturteile der Kollegienkirche (1694-1707), mehrere Brunnen, darunter der Residenzbrunnen (1656-1661) und die beiden Pferdeschwemmen (1695 und 1732) sowie die Mariensäule vor dem Dom (1766-1771).

Der Hofbruch am Untersberg um 1790, Ausschnitt aus Franz v. Naumann.
Bildquelle: Untersbergmuseum Fürstenbrunn.

> 1677 schrieb der Bildhauer Pernegger in einer bitteren Klage an den Erzbischof, er sei durch die genannten Vorgänge (bestellte Blöcke wurden nicht geliefert und die Ausfolgung bereits fertiger wurde verweigert) wirtschaftlich zugrunde gerichtet worden. Der Bildhauer wurde von der Hofkammer vertröstet; schließlich scheinen die Vorgänge das Hofkammeramt doch zu Maßnahmen (zur Straffung das Abbaubetriebes) veranlasst zu haben.

> 1766 bestellte das k. k.-Hofbauamt Wien vier Marmorblöcke für Figuren im Garten von Schönbrunn und legte Zeichnungen für die Rohblöcke bei. Es wurde geantwortet, dass die Blöcke in der gewünschten Größe nicht lieferbar seien, weil die letzten großen Blöcke weißen Marmors auf Befehl des Erzbischofs zu Säulen verarbeitet worden seien und die Gewinnung neuer Blöcke erst nach der Ausarbeitung eines neuen Schrotes voraussichtlich im kommenden Jahr 1767 möglich sei. Wenn Wien so lange warten könne, würde man dann Steine anbieten.

Der Bedarf war so groß, dass es zeitweise zu Lieferschwierigkeiten kam und heftigste Beschwerden beim erzbischöflichen Hofkammeramt eingereicht wurden.

Der Betrieb des Steinbruches durch das Cameralamt schien zeitweise so unwirtschaftlich und langsam gewesen zu sein, dass die Brüche an Private, u. a. an die Steinmetzdynastie Doppler verpachtet wurden. Dies war erforderlich, um die notwendigen Arbeiten durchführen zu können. Manchmal wurde auch den Auftraggebern erlaubt, die Steine in den Brüchen selbst zu brechen. Viele namhafte Bildhauer wie Paul Strudl, Giovanni Giuliani, Giovanni Antonio Dario, Rafael Donner und Balthasar Permoser suchten sich ihre Blöcke am Untersberg persönlich aus. Bis zum Ende des 18. Jahrhunderts waren vorwiegend der Hofbruch und der Veitlbruch in Betrieb. 1689 wurde jedoch der Neubruch (Weißer Bruch) geöffnet, da man für den Bau der Pestsäule in Wien unter der Oberleitung von Paul Strudl weißen Marmor wünschte und im Hofbruch nur mehr farbiges Material vorhanden war. Die Steinbrüche waren während des Bestehens des Erzbistums im Eigentum der Salzburger Erzbischöfe. Sie wurden durch das Hofbauamt verwaltet.

Leider sind nur wenige Informationen über den Steinbruchbetrieb erhalten: Nach der die Säkularisierung kam es während der Napoleonischen Kriege zwischen 1803-1816 zu einem fünfmaligen Besitzwechsel. In dieser Zeit wurde der Großteil der Akten vernichtet.

Mit dem wirtschaftlichen Niedergang des Erzbistums am Ende des 18. Jahrhunderts erlahmte der Betrieb. Es wurden nur mehr kleinere Bauaufgaben durchgeführt und Grabsteine hergestellt.

Besitzverhältnisse nach der Säkularisierung Salzburgs 1803

Von der Säkularisierung des Erzbistums 1803 bis 1816 dürfte der Steinbruch von Privaten betrieben worden sein. In der Zeit von 1810 bis 1816 war Salzburg Bayern unter König Maximilian I. angegliedert. Der Sohn von Maximilian I., Kronprinz Ludwig, wohnte im Schloss Mirabell. Ludwig hatte während seines Aufenthaltes in Salzburg die Pracht und die Ausstrahlung des Marmors schätzen gelernt. Da das bayerische Königshaus plante, mit vielen Monumentalbauten München zu einem Zentrum des europäischen Kulturlebens auszubauen, wollte er sich unbedingt die Steinbrüche am Untersberg aneignen. Mit einem juristischen Trick gelang es, den Rieder Vertrag zu unterlaufen.

> Auf Grund des Rieder Vertrages und eines darin festgesetzten Stichtages (24. Jänner 1816) hätte der Untersberg als bayrische Staatsdomäne automatisch in eine österreichische Domäne übergehen müssen. Um dies zu verhindern, behauptete Bayern, der Untersberg sei bereits am 28. August 1813 vom König von Bayern als Geschenk an seinen Sohn, den Kronprinzen, übergeben worden und somit Privatbesitz. Diese durch Vordatierung vorgetäuschte Schenkung erregte natürlich Widerspruch in der österreichischen Staatskanzlei. Letztlich sorgte der österreichische Kaiser Franz I., der sich inzwischen mit der Schwester des Kronprinzen, Charlotte Carolina Augusta, verlobt hatte, durch ein Schreiben vom 13. August 1817 für eine endgültige Entscheidung zugunsten der Bayern.

Abtransport eines vorgefertigten Blockes für den Maximilianbrunnen. Viele Brücken und Straßenabschnitte mussten für den Transport nach München ausgebaut werden. Bildquelle: Untersbergmuseum Fürstenbrunn.

In den Jahren nach 1800 waren nur noch acht Arbeiter im Steinbruch beschäftigt. Schließlich wurde 1812 - während der bayerischen Herrschaft in Salzburg (1810-1816) - mit der Sanierung des Steinbruchbetriebs begonnen.

1812 und 1813 bestellte Kronprinz Ludwig (1786-1868), der Generalgouverneur des Inn- und Salzachkreises und spätere König von Bayern (1825-1848), acht Marmorsäulen und weitere Bauteile für das Hoftheater in München.

In den Monaten Jänner bis März 1816 wurden Liegenschaften, Steinbrüche, maschinelle Einrichtungen usw. dem Kronprinzen Ludwig I. von Bayern übereignet.

In der Folge wurden über fünfzig Gebäude in München und an 13 weiteren Orten in Bayern mit Untersberger Marmor ausgestattet. In München waren dies die Glyptothek und die Propyläen am Königsplatz, die Pinakothek, das Nationaltheater, mehrere Kirchen, Brunnen und Denkmäler sowie die Ruhmeshalle. Bei Regensburg war es die von 1830 bis 1842 errichtete Walhalla. Die Steinbrüche hatten während der Regierungszeit der Könige Ludwig und (nach seiner Abdankung) Maximilian II. (1848-1864) Hochkonjunktur. 1831 wurden 9000 Tonnen Marmor auf dem Wasserweg zur Walhalla geliefert. Im Jahr 1834 arbeiteten über hundert Menschen auf Rechnung Ludwigs in den Steinbrüchen.

König Ludwig I. von Bayern in der Hubertusordenstracht.

Propyläen in München, errichtet zwischen 1854 und 1862.

Abbau und Verwendung von der Gründerzeit bis heute

Im Jahr 1868 erbte Prinz Leopold von Bayern den ganzen Untersberg. Bereits zwei Jahre später kaufte ihn der baltische Adelige Baron Friedrich von Löwenstern. Vier Jahre später, 1872, verkaufte Baron Friedrich von Löwenstern den Untersberg ohne Steinbrüche an den Realitätenbesitzer Karl Klusemann in Gmunden. 1887 verkaufte Baron Löwenstern schließlich auch das Steinbruchgebiet (Hof-, Neu- und Veitlbruch) als Teil des Marmorwerkes Oberalm an die Marmorindustrie Kiefer AG. Der Untersberg wurde 1896 an den Baron Mayr-Melnhof verkauft. Dieser gründete 1901 die Mayr-Melnhofschen Marmorwerke; außerdem ließ er die oberen Steinbrüche anlegen.

Nach der Schleifung der Stadtmauern in der Zeit zwischen 1856 (Wien) und 1870 (Salzburg) wurden die freigewordenen Areale zur Verbauung freigegeben. Daraufhin „gründeten" viele Bauunternehmer neue Großfirmen, um den enormen Bedarf an Dekorgestein decken zu können. Sie erhielten dafür Adelstitel (Baron Drasche, Baron Schwarz, Baron Mayr-Melnhof, usw.). Die zweite Hälfte des 19. Jahrhunderts wird in Österreich als „Gründerzeit" mit den historisierenden Repräsentationsbauten bezeichnet.

Im Jahre 1901 wurden von Baron Mayr-Melnhof - in einer für damalige Verhältnisse außerordentlich großzügigen Art - über der Gruppe der Fürstenbrüche eine ganze Anzahl von Gewinnungsstätten aufgeschlossen und maschinell ausgestattet. In rund 650 m Höhe wurden fünf Brüche angelegt und miteinander durch eine 500 m lange Horizontalbahn verbunden. Vom östlichen Gelbbruch führte ein schwerer, 600 m langer Bremsberg zur Talsohle nach Fürstenbrunn hinunter.

Der Marmorabbau am Untersberg erlebte bis 1914 eine Blütezeit. Seit 1872 wurden bestehende Brüche ausgebaut und 1886 wurde zwischen Hofbruch und Neubruch der Mittelbruch angelegt. In dieser Zeit

Österreichisches Parlament mit einer Fassadenverkleidung und Säulenhalle aus Untersberger Marmor, zwischen 1874-1883 als Sitz des Reichstages erbaut.

entstanden in fast allen europäischen Hauptstädten neue, große öffentliche und bürgerliche Repräsentationsgebäude. Vor allem das ehrgeizige Projekt der Wiener Ringstraße mit seinen monumentalen, neoklassizistischen, neobarocken und Neorenaissance-Gebäuden hatte einen immensen Natursteinbedarf. So wurden im Zentrum von Wien der Justizpalast, das Kunsthistorische Museum, das Künstlerhaus, die Staatsoper, das Parlament, die Börse und das Dorotheum mit Untersberger Marmor ausgestattet. Ferner wurden viele Denkmäler aus diesem Stein gefertigt. Überdies standen viele Herrscherhäuser in den Auftragsbüchern der Fa. Kiefer AG; die Liste der Auftraggeber liest sich wie das „who is who" Deutschlands und Österreich-Ungarns.

Nach dem Ersten Weltkrieg wurde der Steinbruchbetrieb wieder aufgenommen. Die Mayr-Melnhof-Brüche wurden bis 1933 im Eigenbetrieb geführt. Zwischen 1937-45 wurden sie verpachtet und von 1946 bis Ende der 60-er Jahre wurden sie durch die Gesellschaft Mayr-Melnhofsche-Marmorwerke geführt. 1988 wurden der Hintere Bruch und der Vordere Bruch durch die Fa. Wallinger wieder in Betrieb genommen. Seit 1998 wird der Marmor in den Oberen Brüchen aus Gründen des Umweltschutzes unter Tage abgebaut.

In den Fürstenbrüchen der Fa. Kiefer wurde bis heute nahezu durchgehend gearbeitet, der Veitlbruch wurde jedoch 1949 eingestellt. Während in den Zeiten der Wirtschaftskrise der 30-er Jahre nur wenig abgebaut wurde, brachte die Zeit nach dem „Anschluss" Österreichs im Jahre 1938 einen gewaltigen Aufschwung in der Marmorgewinnung.

Bis 1941 stieg die Produktion für die Staats- und Parteibauten kontinuierlich an, es wurden

Albert Speer als Angeklagter bei den Nürnberger Prozessen, 1946.

Ruinengesetz von Albert Speer: Partei- und Staatsbauten sollen auch nach dem Niedergang des Regimes steinernes Zeugnis von der einstigen Größe des deutschen Reiches ablegen. Nach dieser Maxime sollten sich alle derartigen Bauten ausrichten. Sie mussten deshalb aus Naturstein gebaut werden, weil Stahlbetongebäude wesentlich schneller verfielen.

„Die Vorliebe des Führers für die deutschen Natursteine hat auch unseren deutschen Marmor zu neuem Leben erweckt. Unser Führer, der große Baumeister im umfassenden Sinne dieses Wortes, gab der neuen deutschen Baukunst durch seinen Wunsch und Willen die Anregung, in erster Linie wieder unsere Natursteine zu berücksichtigen und er bestimmte zum Teil selbst die Steinsorten, die für die Großbauten in Berlin, München und Nürnberg Verwendung fanden."
Quelle: Salzburger Volkszeitung 1938

neue Maschinen angeschafft; außerdem wurde die Fahrstraße zu den Brüchen ausgebaut. Anfänglich konnte der Bedarf an zusätzlichen Arbeitern noch aus dem Heer der Arbeitslosen gedeckt werden.

Ab 1939 waren wegen der Einberufungen zum Heer kaum noch einheimische Facharbeiter verfügbar. Daher wurden vor allem im befreundeten Italien sowie in der Slowakei Arbeiter angeworben. Ab 1941 zog man auch Kriegsgefangene zur Zwangsarbeit heran.

Ab dem Winter 1941 kündigte sich die Umstellung auf eine Kriegswirtschaft an. Aufträge für die Bauindustrie wurden - sofern sie nicht für den Krieg wichtig waren - eingestellt. 1943 wurden alle italienischen Arbeiter entlassen, der Betrieb wurde jedoch - vor allem für die Bereitstellung von Steinen für das Kalkbrennen - bis Kriegsende fortgeführt.

Nach Kriegsende entwickelte sich der Abbau nur schleppend, da die Marmor-Industrie Kiefer AG bis 1956 als ehemaliges deutsches Eigentum vom österreichischen Staat treuhändisch verwaltet wurde und von den Aufträgen durch die öffentliche Hand ausgeschlossen war. Anfänglich wurden Steine vorwiegend für den Kalkofen zur Herstellung von Marmorkalk für die lokale Bauindustrie hergestellt. Bis 1951 bekamen hauptsächlich die 1947 neu gegründeten Mayr-Melnhofschen Marmorwerke Ges. m. b. H. als österreichisches Unternehmen staatliche Aufträge für die Wiederaufbauarbeiten. Erst ab 1951 erhielt das Unternehmen durch eine Eingabe des Betriebsrats beim damaligen Verstaatlichungsminister Kaltenbrunner auch staatliche Aufträge. 1956 kaufte die deutsche Fa. Marmorindustrie Kiefer AG ihren ehemaligen Ableger in Oberalm und damit auch die Fürstenbrüche (Kieferbruch) am Untersberg. Ab 1958, dem

Jahr der Umwandlung in die Marmor-Industrie Kiefer Ges. m. b. H., erfolgte der Ausbau des Bruches Untersberg zu einem modernen Abbauunternehmen, wie es sich heute darstellt.

Das Unternehmen Marmor-Industrie Kiefer Ges. m. b. H. besitzt neben dem Untersberger Bruch Steinbrüche in Adnet und einen Steinbruch im Salzburger Konglomerat bei Golling. Das Unternehmen ist in allen Sparten der Steinverarbeitung tätig: Neben Fassadenplatten, Stufen und Fliesen stehen auch Massivarbeiten wie z. B. Altäre, Kamine und Brunnen auf dem Lieferprogramm. Großaufträge für Fassaden- und Bodenplatten für das Landhaus in Bregenz, der Bibliothek der Technischen Universität Wien oder der Fassade der Naturwissenschaftlichen Fakultät der Universität Salzburg stehen auf der Referenzliste des Unternehmens. Der Untersberger Marmor ist in den letzten Jahren wieder sehr gefragt.

Von dieser steigenden Nachfrage profitierte auch die Fa. Wallinger (heute Fa. Marmorwerk Steindl). Einer der größten Aufträge war die Lieferung des Rohmaterials für die Fassadenplatten des Salzburger Museums der Moderne auf dem Mönchsberg.

Seit 2006 werden die Mayr-Melnhof-Brüche von der Fa. Marmorwerke Steindl betrieben. Im Gegensatz zur Fa. Wallinger betreibt die Fa. Steindl wieder Tagabbau. Es ist geplant, auch die Brüche westlich des Koppenbaches zu reaktivieren.

Moderner Abbau der Fa. Steindl.

Historische Texte zu den Steinbrüchen

Zusammengestellt und eingeleitet von Peter Danner

Ein Steintransport als Publikumsattraktion

Für die Statue des heiligen Sigismund über dem zur Riedenburg gerichteten Portal des Neutors, mit deren Schöpfung der Salzburger Hofbildhauer Johann Baptist Hagenauer (1732-1810) beauftragt war, wurde 1766 ein riesiger Marmorblock vom Steinbruch des Steinmetzmeisters Doppler am Fuß des Untersberges nach Salzburg transportiert. Die Überführung dauerte vom 15. November bis 18. Dezember 1766. Sie verursachte Kosten in der Höhe von 531 Gulden. In der Stadt erregte sie großes Aufsehen, wie Abt Beda Seeauer (1716-1785) von St. Peter am 1. Dezember 1766 in seinem Tagebuch berichtete:

„Das einzige Reden nunmehro ist hauptsächlich in der Stadt von jenem ungeheuren Stück Marmorstein, welcher dieser Tägen solle naher Hoff gebracht werden, allwo unser weit und breit berühmte Statuarius Herr Hagenauer aus diesem Stein die Statuen des Heiligen Königs Sigmund aus das neue Thor bey dem Bergdurchbruch verfertigen solle: Das Model dieser Statuen ist schon über Jahr bey Hoff verfertigter von Gips [...] zu sehen: es ist wahrhaftig diese Statuen ein solches Kunststück, und ein solches wundervoles [...] Maisterstück, daß man dergleichen Statuen auch bald nicht weder in Wälschland, noch weniger in Deutschland sehen werde: es ist die grösse dieser so herrlichen Statuen 15: Schuh hoch. Nun dann zu dieser Statuen, welche aus einem Stuck Stein soll verfertiget werden, hat man schon lange Zeit in dem Steinbruch Untersperg ein so grosse Stein herausgehauen, welches zwar nicht beschwärlich ware, aber das Herabbringen in die Stadt hat weit mehrer Gedanken gebraucht und weit grössere Mühe gekostet [...] es ist auch schon ein oder anderes Unglück dabey geschehen, und sehr viele geschädiget, ein Arbeiter gar Maus todt geschlagen worden: und wann man diesen Stein des Tages 10: oder 12: Schritt weiter gebracht hat, so ware man schon zimlich zu frieden, bis man endlich durch mathematische und mechanische Erfindungen diesen etwas bessers und mehrers von Ort und End gebracht."

Am 18. Dezember 1766 hielt Abt Beda Seeauer fest:

„Donnerstag hat man jenen grossen Marmorstein in die Stadt gebracht [...] an diesem Stein seynd 19: Paar [...] Pferd angespannet gewesen, und diese haben genug zu thun gehabt, daß sie diesen haben weiter gebracht. Ein solches Leüt- und Volkwerk ware in der Stadt bei Ankunft dieses Steines, daß ich glaube, wann man Christum den Herrn noch einmahl zum Kreuz ausführen tette, so würde bey weitem kein solches schauen seyn; dann ich habe gehöret, daß der ganze Stein über die zwanzig Wachten mit Soldaten sey umgeben gewesen, damit kein Unglück geschehe."

Im Hofdiarium wurde am 17. Dezember 1766 vermerkt:

„Gleich ein Viertl nach 3 Uhr wurde unter Direktion des Hagenauer, hf. Truchsess und Hofstatuari, ein Stuck weißer Marmor, beylich über 300 Centen vom Untersperg aus, welcher der hl. Sigmund 18 Schuh hoch von nämlichen H. Hagenauer verfertiget wird, von Michaelthor herein mit 22 Paar Pferd heint bis zum Rizerbogen herein geführet. I[hre]. h[och] f[fürstlichen]. Gn[aden]. sahen diesen Zug mit besonderem Vergnügen von Ihrem Fenster aus bey der Residenz vorbeypassieren. Morgen wird selber in die Werkstatt der Residenz gegenüber dem Langen Hof vollkommen gebracht werden."

Der Steinbruch als Ausflugsziel

Neben dem Ursprung der Glan, dem so genannten Fürstenbrunnen, der bereits im 17. Jahrhundert durch einen in den Fels gehauenen Weg erschlossen war, waren vor allem in der zweiten Hälfte des 18. Jahrhunderts und im 19. Jahrhundert die Kugelmühle und die Steinsäge an der Glan sowie der Marmorsteinbruch beliebte Ausflugsziele für die Bewohner und die Besucher Salzburgs. Berühmte Besucher des Steinbruchs waren 1807 Kaiser Franz I. von Österreich (1768-1835), 1818 der Theologe und Philosoph Friedrich Daniel Ernst Schleiermacher (1768-1834), 1834 der Dichter Nikolaus Lenau (1802-1850) und 1836 der Maler und Architekt Karl Friedrich Schinkel (1781-1841).

Der Domherr Graf Friedrich Spaur (1756-1821), der in Salzburg jahrelang das Amt des Domdechanten bekleidete, beschrieb 1815 ausführlich die Sehenswürdigkeiten am Fuße des Untersbergs:

„Die Wanderer steigen nun, diese so originell geschmückte Wildniß verlassend, auf gut erhaltenen Treppen über waldigte und graßreiche Abhänge des Untersberges ein halbes Stündchen fort, und plötzlich eröffnet sich am Steinbruche ein herrliches von Buchwäldern umrungenes Amphitheater, das sich seit Jahrhunderten durch die dort gebrochenen und verführten Marmorsteine allmählich gebildet und erweitert hat. Eine mahlerische Aussicht gegen Salzburgs Ebene und Veste eröffnet sich an dieses Amphitheaters Vorgrund, auf dem eine marmorne Pyramide Franzens, des noch lebenden geliebten Kaisers von Oestreich hier zugebrachte Stunde der Nachwelt verkündet. [...] Der Contrast der gegen Ost und Nordost bewunderten, überreich dekorirten Landschaft mit dem des Untersberges Abhange abgetrotzten Amphitheater gibt diesem Standpunkte eine anderstwo kaum aufzufindende Eigenheit. In seinem Umfange sind die niedlichen Wohnungen der Steinbrecher erbaut, und im Hintergrunde sieht man viele Centnerschwere Marmor-Massen durch angestrengten Fleiß dem Urgebirge abgewinnen. Zu der am Fuße des Untersberges erbauten Marmorsäge werden diese rohen Colossen geschleift, dann den Steinmetzen in Salzburg auf festen Wägen, oft mit 20 Pferden bespannt, zugeführt, und von diesen Künstlern zu Säulen, Piedestallen, Basreliefs, Vorgiebeln und Denkmählern vortrefflich bearbeitet.

Am Ufer des Glanbaches gerade unter dem Marmorbruche ist eine nach des Mechanikers Zillner Idee vervollkommte Marmorsäge erbaut worden; die dabey angebrachten einfache Mechanism, und die den vier in Bewegung gesetzten Sägen gegebene Kraft und Schnelle wird von allen Kennern bewundert. Die dicht ober dem Hause des dortigen Müllers angebrachten Kugel-Mühlen, wo die kleinen Reste des Marmors zu so genannten Schussern oder Glükkernen – den Kindern ein Spielwerk, den Schiffen Ballast, den Kanonen mordende Ladung – von einer einfachen, durch das Wasser in die Rundung getriebene Maschine geformt werden, unterhalten und unterrichten Forscher und Neugierige."

Auf dem erwähnten Denkmal für Kaiser Franz I. ist in einem Medaillon auf der Vorderseite folgende Inschrift angebracht:

FranCIsCo / PriMo / qVI aDerat / Caesar / 1807.

(Franz dem Ersten, der als Kaiser 1807 hier war.)

Die Inschrift enthält ein Chronogramm - das ist eine Angabe der Jahreszahl durch die Großbuchstaben, welche römische Zahlzeichen bilden: MDCCCVII (= 1807).

Auf der Rückseite befindet sich in einem Medaillon eine weitere Inschrift:

CanDIDa / ConseCrat / DeVotIo / 1808.

(Die reine Demut weiht [oder: verewigt].)

Das Chronogramm ergibt wieder die Jahreszahl 1807: DDDCCCVII.

1827 wurde ein Monument zu Ehren von König Ludwig von Bayern errichtet. Es enthält an der Stirnseite folgende Inschrift:

Ludwig / dem / Ersten / König von Bayern / Am 25. August / 1826.

Auf der Rückseite ist die Widmung eingemeißelt:

Aus / Dankbarkeit / errichtet / von den / Steinmetzen / und / Steinbrechern / am / Untersberge / 1827.

Über ein halbes Jahrhundert später wurde eine Säule hinzugefügt, die, wie die Inschrift zeigt, dem damaligen Besitzer gewidmet ist:

UNSERM / VEREHRTEN / HERRN CHEF / FRIEDRICH / FREIHERRN / VON / LÖWENSTEIN / VON DEN / STEINHAUERN / DES UNTERSBERGES / DANKBARST / GEWIDMET / 15. JUNI 1882.

Alle drei Denkmäler sind derzeit vor dem Untersbergmuseum in Fürstenbrunn aufgestellt.

Heinrich Konrad Brandstätter, der Verfasser eines 32 Seiten langen Gedichtes über den Steinbruch und Fürstenbrunnen, gab 1821 folgende praktische Ratschläge für einen Ausflug:

„Ein halber Tag, oder sieben bis acht Stunden reichen hin, diese Ausflucht zu machen: wer aber einen Tag daran wagen kann und will, wird das Vergnügen mehr genießen als verschlingen, und es wird ihn die verwendete Zeit nicht reuen. Für diesen Fall rathe ich jedoch Denen, die gerne bequem und gut leben, das, woran sie gewöhnt sind, mitzunehmen; denn sie dürfen nur auf einfache Erfrischungen rechnen, z. B. Milch, Butter, Bier und Brod; auch wird es ihnen bey dem freundlichen Vorgeher im Steinbruch, wo man der Aussicht wegen gerne verweilt, nicht an Gelegenheit fehlen, Kaffe u. dgl. zu bereiten. Vom Steinbruch kann man um ein kleines Geschenk einen Führer mitnehmen.

Den Unternehmern dieser Lustreise wünsche ich etwas Wetterkunde, damit sie nicht durch unerwartet einfallende schlimme Witterung im Vergnügen gestört werden; weil Gewitter und Regen mächtiger sich an Berge hinziehen."

Denkmäler der Steinbruchbesitzer im 19. Jahrhundert, Kaiser Franz I; Kronprinz Ludwig I von Bayern und Freiherr v. Lövenstein. Standort beim Untersbergmuseum in Fürstenbrunn.

Den Steinbruch besang Brandstätter in folgenden Versen:

„Leicht ersteigt ihr von da, den Fahrweg wieder gewinnend,
Den gesuchten Bezirk, wo klingend eiserner Werkzeug,
Immerfort thätig, vom offenen Berge die vielen Geschenke,
Ungezählte Geschenke, die hier die reiche Natur gibt,
In den schwersten Lasten unverdrossen heraushollt.
Ja, da liegen die Säulen, die Fußgestelle, die Schäfte;
Liegen in Schichten bereit zum künftig sprechenden Denkmahl;
Ja da liegen bereit zu Prachtgebäuden der Nachwelt
Die beliebtesten Farben des Marmors in Blöcken und Schalen.
Greife nur zu, schön bauende Kunst der Nähe, der Ferne!
Reichthum findest du hier, im Innern und Aeußern die Werke
Auszuschmücken; die Werke, die du zur späten Bewund'rung
Auszuführen beschließest. Ob Tempel, ob Herrscherpaläste,
Ob du Nachruhmshallen erhebst, ob weinende Gräber:
Hier, hier findest du Stoff, womit du höher dich selbst hebst!
Seht, da lösen so eben die Vielgeübten ein neues,
Ungeheures Geblöck vom Lager des Flötzes herunter.
Werden sie nicht in Trümmern das ganz gewonnene Stück seh'n,
Bis es herab zur Stätte gelangt, wo rege Behauer
Nach gegebenen Maaß' die ersten Gestalten bereiten?
Nein, sie verstehen mit einfach, aber doch sicher gebrauchten
Mitteln: mit Hebeln und Winden und mit gepöschtem *) Gestänge
Vieles zu wirken, und senken es ab zur bezeichneten Stelle.
Fertig geworden, so weit es da soll, ist eines der Stücke,
Und schon regt sich die Männergewalt, hinunter den Abhang
Selbes zu fördern. Am Fuße des Berges, da wartet der Wagen,
Ungeheurig erbaut, um das Ungeheure zu tragen;
[…]"
*) „Mit grünem Tannenreisig in Büscheln unterlegt."

Der Steinbruch als Basislager botanischer Forschungen

Wie wir aus Forschungsberichten von Botanikern wissen, waren Steinbrucharbeiter vom Marmorsteinbruch in Fürstenbrunn als Bergführer auf dem Untersberg tätig. Der bekannteste in den Jahren um 1800 hieß Rieppl Schmidt. Dieser führte am 18. Juni 1798 den Regensburger Botaniker David Heinrich Hoppe (1760-1846) zum Gipfel des Salzburger Hochthrons. Von 1798 bis 1843 suchte Hoppe beinahe jährlich mehrere Wochen den Untersberg für botanische Forschungen auf. Bis 1801 hatte er sein Quartier im Steinbruch. Über seine erste Nacht dort berichtete Hoppe (1799):

„Dies widrige Wetter machte mich so mißmuthig, daß ich nicht mehr einschlafen konnte. Da ich nun meinen Gedanken freien Lauf ließ, so fiel mir ein, wenn es anders angehen könnte, hier am Steinbruche mein Standquartier aufzuschlagen. Ich lag in einem ziemlich guten Bette, und die Wohnstube schien mir auch ziemlich bequem zu seyn. Die Vortheile die ich übrigens haben würde, wenn ich hier am Fuße des Untersberges wohnte, überwogen die mehrere Bequemlichkeit, welche ich etwa in der Stadt haben würde. Kaum fing der Tag zu grauen an, so stand ich auf, und auch meine Beherberger der Vorgeher Thomas, und seine Frau, Trautel, alte Leute von 70-80 Jahren waren auch schon aufgestanden. Sogleich eröffnete ich ihnen mein Vorhaben – und sie waren, zu meiner großen Freude, vollkommen damit zufrieden, daß ich da bliebe. Wir machten nun eine Art von Akkord für Essen und Trinken, aber die Forderung war so gering, daß ich wohl merkte, ich würde keine große Traktamente bekommen. Dies kümmerte mich indessen wenig, denn ich reisete ja deswegen nicht, um gut zu essen und zu trinken."

Genaueres über die Kost und damit über die Lebensbedingungen der Steinbrucharbeiter erfahren wir von Hoppes Biographen August Emanuel Fürnrohr:

„Sie bestand 4 Wochen lang nur in Mehlspeisen, den einen Tag in Knödeln, den andern in Nudeln".

Die Kugelmühlen

Wie die Mautordnung von 1589 zeigt, wurden bereits im 16. Jahrhundert Marmorkugeln aus Salzburg exportiert. Einige Kugelmühlen befanden sich an der Glan am Fuße des Untersbergs. Das Gestein wurde im Sommer im Steinbruch und im Winter in den Wohnräumen der Arbeiter mit einem Hammer zu Würfeln geformt. Diese Tätigkeit führten vielfach alte und gebrechliche Leute (Männer und Frauen) aus. Die Tagesleistung betrug gewöhnlich 1.000 bis 1.500 Kugelsteine.

Die Steine wurden dann, je nach Material und Größe, in den Kugelmühlen innerhalb eines Zeitraumes von ein bis vier Tagen zu Kugeln geschliffen.

Der Sockel einer Kugelmühle besteht aus einem Schleifstein (Schleifer); in der Regel ist dies ein Sandstein mit mehreren halbkugelförmigen Rillen. In der Mitte des Sockels ist ein Eisenstab (Angel) zur Führung einer Holzscheibe (Läufer) angebracht. Der Läufer ist zugleich das Wasserrad; er ist ca. 20 cm hoch und hat den gleichen Durchmesser wie der Schleifstein. An seiner Unterseite wurden Rillen, und an seiner Außenseite Taufeln (Schaufeln) angebracht. Zu letzteren wird das Wasser hingeleitet. Dadurch wird der Läufer bewegt und die Steine werden abgeschliffen.

Die fertigen Kugeln wurden nach Salzburg gebracht, im Anschluss wurden sie von Salzburger Händlern nach Nürnberg und Frankfurt transportiert und von dort schließlich nach Hamburg, Rotterdam, Amsterdam und London befördert. Die Kugeln wurden als Schiffsballast oder Munition verwendet und nach Ost- und Westindien verkauft.

In den Mautrechnungen wird zwischen „Schussern" und kleinen Kugeln unterschieden. In den Jahren 1647 bis 1694 wurden ca. 3.500 Zentner Schusser ausgeführt; zwischen 1695 und 1796 waren es ca. 31.800 Zentner. Von 1772 bis 1791 wurden ca. 8.400 Zentner kleine Kugeln ausgeführt. Einen Zentner machen etwa 10.000 kleine Kugeln aus.

Um 1870 verkaufte der letzte Kugelmüller, Matthias Brandauer, seine gesamte Produktion (ca. 400.000 Stück) direkt nach London.

Der weitgereiste Reiseschriftsteller und Geograph Johann Georg Kohl (1808-1878) beschrieb 1842 die Kugelmühlen:

„Es giebt der frappantesten Constraste genug im Leben nahe bei einander. Wie z. B. Cavaliere und große Herren in wenigen Stunden übermüthig verschwenden, was ein armer Bettler in Jahren erwirbt, so giebt es hier nicht weit von dem Steinbruche, in dem man so bedeutende Massen von mehren hundert Centner löst, einen anderen, in welchem ein alter Mann kleine Bröckelchen und Krümchen zusammenliest, um daraus ein weit in der Welt verbreitetes Spielzeug für die Jugend, jene kleinen Marmorkügelchen, mit denen die Knaben in ganz Deutschland spielen, zu verfertigen.

[...] Hier in Salzburg nennt man sie ‚Schusser', auch wohl ‚Kucheln', [...]

Es ist ein kleiner Handelsartikel, der vom Untersberge in Salzburg und von einigen anderen Marmorbrüchen in Sachsen seinen Weg durch die ganze Welt findet und der als Ballast sogar oft mit nach Indien genommen wird, wahrscheinlich um auch die asiatische Jugend bis tief in jenen Welttheil hinein mit Spielzeug zu versorgen.

Wir fanden die Anstalt zum Verfertigen jener kleinen, unter so vielen Namen berühmten Kugeln, eine Art Mühlenwerk, in dem Thale des Untersberg's, welches ‚Fürstenbrunn', genannt wird. Es kommt hier eine starke, klare Quelle aus einem tiefen Felsenspalt hervor, die anfangs den Liebhabern von Naturgenüssen dient, die sie von Salzburg aus aufsuchen, dann aber weiter unten für einen alten Mann eine solche Schussermühle treibt. Diese Mühle besteht aus nicht weniger als 28 Gängen, von denen einige immer einige Stufen niedriger liegen als die oberen. Der alte Schussermüller hat eine kleine Hütte daneben gebaut, in welcher er eine große Sammlung verschieden gefärbter Marmorbrocken aufgehäuft hatte. Im Sommer, sagte er, hole er sie aus dem Bache, im Winter aber, wo dieser gefroren, aus einer Nische oben am Berge, in welche von allen Seiten verschiedenartige Marmorbruchstücke hineingefallen seien. Er zerschlägt sie zunächst zu kleinen viereckigen Würfeln, die dann auf die Mühle gebracht werden. Hier kommen sie auf festliegende Mühlsteine, in denen sich zirkelrunde Rillen befinden. Ueber diese Mühlsteine läuft dann, vom Wasser in Bewegung gesetzt, ein Block aus Buchenholz, der die Steinchen reibt und auf dem unteren Block in die Runde herumtreibt. Es gewährt einen wunderlichen Anblick, wenn alle 22 kleinen Maschinchen sich plötzlich in rührige Bewegung setzen und Tausende von kleinen Kügelchen bearbeiten."

Der Steinbruch als Bildhaueratelier

Im Kiefer-Steinbruch wird seit 1986 jährlich im Rahmen der Internationalen Sommerakademie für Bildende Kunst in Salzburg ein Steinbildhauer-Symposion durchgeführt. Die Anregung dazu gab der Bildhauer Karl Prantl (*1923), der 1959 erstmals ein solches Symposion in St. Margarethen im Burgenland organisiert hatte. Wieland Schmied (*1929), der damalige Leiter der Sommerakademie, berichtete:

„Wir haben die Anregung Karl Prantls mit Begeisterung aufgegriffen und neben ihm selbst noch einige seiner herausragendsten internationalen Kollegen eingeladen: Kengiro Azuma aus Mailand, Miloslav Chlupáč aus Prag, Makoto Fujiwara aus Berlin und Janez Lenassi aus Piran. [...]

Gearbeitet wird mit Untersberger und Adneter Marmor. Der Umgang mit dem Stein, die Erfahrung seiner Bedeutung für die Natur, die Architektur, den Menschen ist ebenso selbstverständliches Thema des Symposions geworden wie technische und künstlerische Probleme der Steinbearbeitung. Entsprechend der ursprünglichen Symposionsidee von St. Margarethen geht es auch in Salzburg nicht darum, dem Stein eine vorgefaßte figürliche Komposition aufzuzwingen, sondern ihn als gewachsenen Organismus zu begreifen und durch die Bearbeitung seinen ursprünglichen Charakter freizulegen und seine naturgegebenen Qualitäten zur Entfaltung zu bringen."

Die damalige Mitarbeiterin und spätere Leiterin der Sommerakademie, Barbara Wally, meinte zur Idee und Durchführung des Symposions:

„Die Individualität der teilnehmenden Künstler wird zwar nicht angetastet, dennoch steht das gemeinsame Vorhaben, die Haltung zum Stein, zur Natur und zur künstlerischen Aufgabe im Vordergrund und schafft eine Gemeinsamkeit, in der für egomane Innenschau nur wenig Spielraum bleibt. Die Beziehung zum Stein ist dabei das Entscheidende. Ins Künstleratelier transportiert, zugerichtet, seiner Umgebung entfremdet, ist der Stein totes Rohmaterial und dem Gestaltungswillen des Künstlers unterworfen. Die Steinbruchsituation schafft andere Qualitäten der Beziehung. Der Stein ‚lebt' in seiner natürlichen Umgebung, er inspiriert den Künstler. Sein Kunstwerk, das aus der Begegnung zwischen Bildhauer und Stein entsteht, ist sozusagen das gemeinsame Ergebnis einer Zwiesprache, ja Kooperation.

[...]

Sicher ist jedoch, daß die Studierenden an keinem Unterrichtsort soviel über den Stein lernen können, wie im Steinbruch. Sie sehen ihn am Ort seines Ursprungs, wie er gebrochen wird, wie er sich je nach Witterungsverhältnissen optisch verändert, sie lernen einwandfreie von ‚stichigen' Steinen am Klang und an der Einwirkung von Feuchtigkeit zu unterscheiden. Sie lernen, den Stein mit Achtung zu begreifen und ihn schließlich mit Händen, Werkzeugen und Maschinen zu gestalten. Sie erfahren oft unter Strapazen, mit der Arbeit in der freien Natur, dem Wetter ausgesetzt, fertig zu werden."

Literatur zu den historischen Texten

Brandstätter, H. K., 1821: Der Fürstenbrunnen und der Marmorsteinbruch am Untersberge bey Salzburg, Salzburg. [Zitate: S. IV-V, 16-19.]

Freudlsperger, H., 1919: Die Salzburger Kugelmühlen und Kugelspiele, Mitteilungen der Gesellschaft für Salzburger Landeskunde, Bd. 59, S. 1-36, Salzburg.

Fürnrohr, A. E., 1849: D. H. Hoppe's Selbstbiographie. Nach seinem Tode ergänzt und herausgegeben von Dr. A. E. Fürnrohr., (= Botanisches Taschenbuch, 23), Regensburg. [Zitat: S. 115]

Hahnl, A., 1977: Das Neutor, Salzburg [Zitate: S. 34-35]

Hoppe, D. H., 1799: Botanische Reise nach einigen Salzburgischen Kärnthnerischen und Tyrolischen Alpen, Botanisches Taschenbuch, S. 49-144, Regensburg. [Zitat: S. 66-67]

Kohl, J. G., 1842: Hundert Tage auf Reisen in den österreichischen Staaten. Fünfter Theil (Reise in Steiermark und im baierischen Hochlande), Dresden-Leipzig. [Zitat: S. 252-254]

Martin, F., 1940: Vom Salzburger Fürstenhof um die Mitte des 18. Jahrhunderts, Mitteilungen der Gesellschaft für Salzburger Landeskunde, Bd. 80, S. 145-204, Salzburg [Zitat: S. 180]

Spaur, F., 1815: Der Spaziergänge in den Umgebungen Salzburgs zweiter Band, Salzburg. [Zitat: S. 194-196]

Wally, B., 1988: Steinbildhauer-Symposion, Salzburg [Zitate: S. 5, 10, 27-28]

Materialeigenschaften und Verwitterung

Der Untersberger Marmor ist in seiner Zusammensetzung und seiner Qualität vergleichbar mit einem modernen Verbundwerkstoff. Der Füllstoff ist ein in der Brandung entstandener Kalksand, bei dem nur die härtesten Anteile des Ausgangsmaterials übrig blieben, alles andere wurde zu feinstem Zerreibsel zerschlagen. Die Grundmasse ist im Meer durch Lösung und Ausfällung von Kalk entstanden. Die einzelnen Sandkörner wurden durch Kitt, bestehend aus einem „zähen" Filz aus Kalkspatkristallen, miteinander verbunden. Die verbliebenen Hohlräume wurden durch gröberen Kalkspat vollständig ausgefüllt. Der dabei entstandene hochqualitative Kalk(sand)stein erlaubt sehr feinplastische Arbeiten. Er ist wesentlich verwitterungs- und formbeständiger als andere Kalksteine oder Marmore. Diese hervorragenden Eigenschaften gehen jedoch verloren, wenn der Füllstoff konglomeratisch oder brekziös ist und wenn in der Grundmasse Ton und Laterit eingelagert ist.

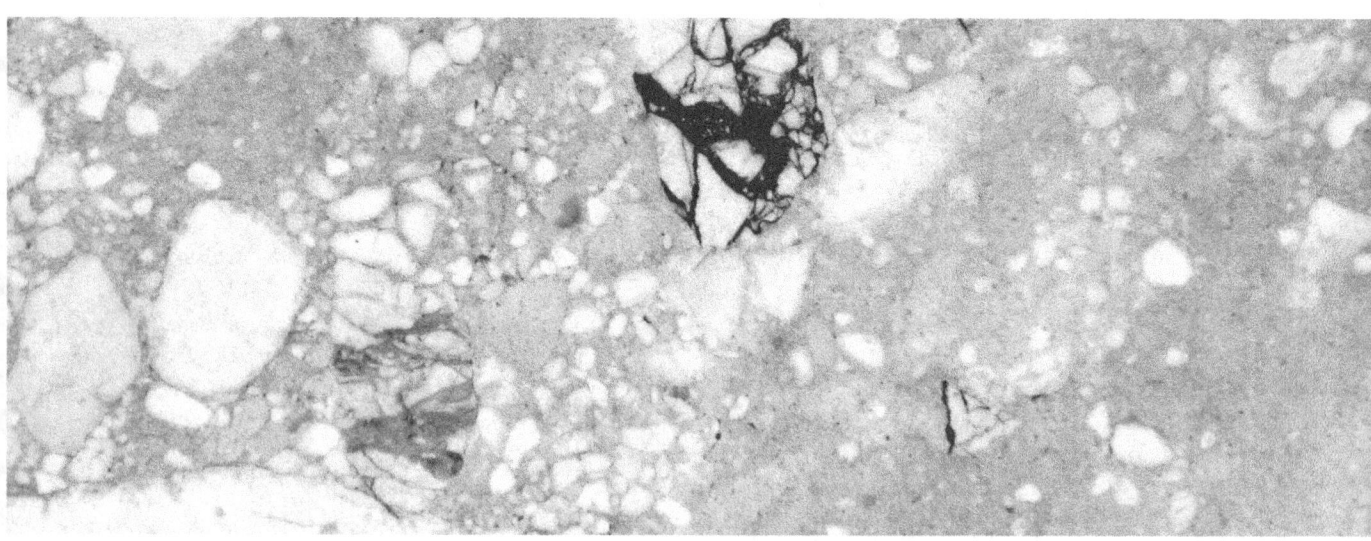

Bretsch, konglomeratischer Untersberger Marmor aus dem vorderen Bruch der Fa. Marmorwerk Steindl. Mit vorwiegend 0,5 - 4 cm großen und wenigen bis zu 10 cm großen Geröllen. Die Gerölle sind aus hellem Plassen- und grauem Dachsteinkalk, die Grundmasse ist feinkörniger Kalksand. Die Gerölle sind z. T. mit Laterit gefüllt und mit Tonmineralen umgeben.

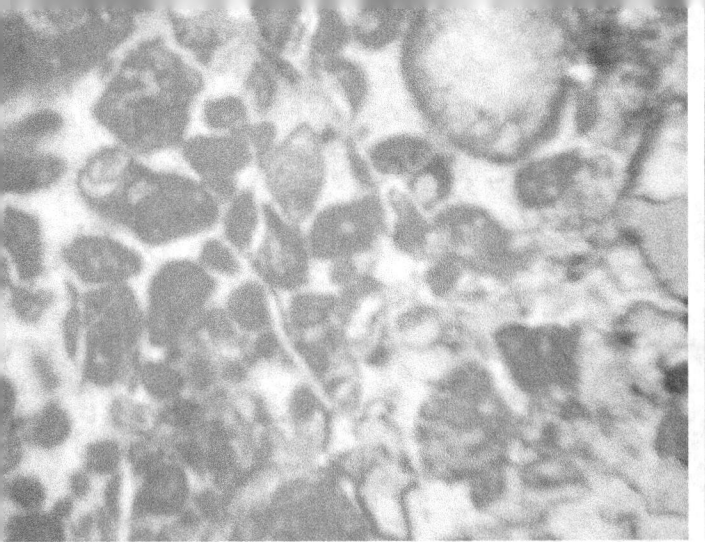
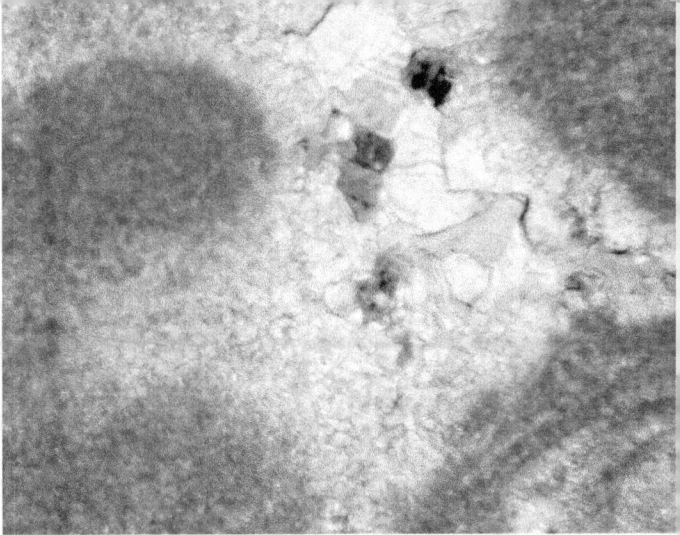

Bild links: Untersberger Marmor(Hofbruch). Bildausschnitt ca. 4 x 6 mm. Feinkörniges Gefüge mit unscharfen Korngrenzen, vorwiegend 0,2-0,4 mm und wenigen ca. 1 mm großen Bruchstücken aus Plassenkalk. Die dunklen Körner am rechten Rand sind roter Laterit. Die hellen Zonen sind Zwickelfüllungen aus Kalkspat. Bild rechts: Untersberger Marmor (Neubruch). Bildausschnitt ca. 0,4 x 0,6 mm. Die Zwickelfüllung zwischen den unscharf begrenzten dunklen Körnern aus Plassenkalk besteht randlich aus feinnadeligem Kalkspat (Mikrit) und zentral grobem Kalkspat (Blockzement). Die Poren sind vollständig verkittet.

Materialeigenschaften des Untersberger Marmors

Aus Sicht der Chemiker ist der Untersberger Marmor im Allgemeinen ein reines Calziumkarbonat mit geringen Anteilen (0,5 - 2,5 %) an Aluminium-, Silizium- und Eisenoxyd als Verunreinigungen. Die Verunreinigungen liegen je nach Sorte als kleine, 1-3 mm große, rötliche Bauxitgerölle im Forellenmarmor oder feinst verteilt im Untersberg Rosa (Hofbruch) vor. Beimengungen an Tonmineralen findet man im grobkörnigen Bretsch als Tonflatschen oder in Form von dünnen Lagen am Rand der groben Komponenten. Tonminerale in Form von Flocken kommen gleichmäßig verteilt im Untersberg Gelb und dem Untersberger Wildrot (einer dunklen, braunroten Sorte) vor. Sie wurden zeitweise im Veitlbruch abgebaut. Die Tonbeimengungen reduzieren die Gesteinsfestigkeit und Verwitterungsbeständigkeit.

Der Untersberger Marmor ist vorwiegend aus fein bis mittelkörnigen Bruchstücken oder Geröllen aus Kalkstein und Mikrofossilien des Gosaumeeres zusammengesetzt. Weniger häufig sind grobkörnige Konglomerate oder Brekzien und Bruchstücke von Fossilien. Die Hauptkomponente ist weißer Plassenkalk. Rötlicher bis gelblicher Hierlatzkalk sowie gelbgrauer bis rosagrauer Dachsteinkalk sind selten. Das Bindemittel ist reiner, klarer

Hofbruch der Fa. Kiefer um ca. 1900 mit ca. 25° geneigten Schichtbänken, die z. T. geöffnet sind. Im Hintergrund ist eine mächtige Moränenüberlagerung zu erkennen. Bildquelle: Untersbergmuseum.

Kalkspat, der als feinkristalliner, pelziger Saum die einzelnen Körnchen umgibt und als gröberer Kalkspat die Zwischenräume dicht ausfüllt. In dieser weitgehend vollkommenen Kornbindung und dem sehr geringen Porenvolumen von 0,28 Gew.% liegt die Ursache für seine hohe Festigkeit und Verwitterungsbeständigkeit.

Im Steinbruch zeigt der Untersberger Marmor deutlich ausgeprägte Schichtbänke von 0,7 - 3,5 Meter Dicke. Die Gesamtmächtigkeit der Gesteinsschicht variiert von wenigen Metern bis zu 40 Metern. Die durchschnittliche Mächtigkeit des hochwertigen Gesteins liegt zwischen 16 und 18 Metern. Die parallelen Schichten neigen sich mit 25 - 30° nach Norden bis Nordwesten. Häufig ist innerhalb der Schichtbänke eine gradierte Schichtung erkennbar, das ist eine Abnahme der Korngröße von unten nach oben. An den Schichtflächen sind häufig Wurm- und Grabgänge erkennbar. Die etwas härteren Ausfüllungen der Grabgänge können bei längerer Verwitterung als Wülste heraustehen.

Färbung, Korngröße und Zusammensetzung des Untersberger Marmors variieren sowohl von unten nach oben als auch von Ost nach West.

Über weite Bereiche finden sich die grobkörnigen Lagen in den untersten Schichten, darauf folgen die rosaroten und hellgelblichen bis beigen Lagen. Die obersten Schichten sind gelb oder unregelmäßig wolkig gefärbt (Untersberger Bunt oder missfärbig). Diese Abfolge ist jedoch von Steinbruch zu Steinbruch unterschiedlich stark ausgeprägt. Außerdem lässt sich beobachten, dass die Korngröße Richtung Hangfuß abnimmt.

Ein Großteil der offenen, sichtbaren Klüfte im Gestein verläuft parallel zu den großen N-S bzw NO-SW verlaufenden Störungen des Untersberges. Die Anzahl der Klüfte oder Stiche nimmt im Bereich großer Störungen, z. B. der Brunntalstörung, beträchtlich zu. Die Brüche können aber auch beliebig schräg und im spitzen Winkel zur Schichtfläche laufen, sodass sich beim Herausbrechen oft nur sehr unregelmäßige Rohstücke ergeben. Die geschlossenen Klüfte, auch Stiche genannt, machen sich erst nach dem Herausbrechen des Gesteins bemerkbar. Im Gestein sind Restspannungen vorhanden, die sich durch das langsame Schließen von Sägeschnitten bemerkbar machen. Ein Sägeschnitt von 6 mm kann innerhalb eines Jahres auf Null zusammengehen. Im Laborversuch machen sich diese Restspannungen durch eine Erhöhung der Druckfestigkeit um 20 - 35 % nach 25 Frost- und Tauwechseln bemerkbar. Durch diesen brutalen Temperaturwechsel verliert das Gestein seine Restspannungen.

Bruchflächen und Schichtflächen können durch Verkarstung, einer Lösung von Kalkstein durch Grundwasser, geöffnet sein. Die Oberflächen zeigen so genannte Rillenkarren, das sind 5-10 cm breite und wenige Zentimeter tiefe nebeneinander liegende Rinnen. Mit Rillenkarren überzogene Stücke werden gerne für Grabsteine und Brunnensteine verwendet.

Die Sorten und Handelsbezeichnungen des Untersberger Marmors

Die Sortenbezeichnung nach verschiedenen Farben und Musterungen ist weder einheitlich noch stets gleich gewesen. Einige Termini wurden ausschließlich von Steinbrucharbeitern verwendet, andere waren und sind wiederum Handelsbezeichnungen der unterschiedlichen Firmen, die am Untersberg tätig waren. In den ausgewählten Beispielen werden die heute gebräuchlichen Bezeichnungen fett vorangestellt und zudem alternative Bezeichnungen angeführt.

Untersberger Hell (Forellenmarmor, Forellenstein): heller, beige bis cremefarbiger, fein- bis mittelkörniger, selten grobkörniger dichter Kalkstein mit typischen roten 0,5-3 mm großen Ensprenglingen aus roten Jurakalken und Bauxitgeröllen. Muster: Fa. Steindl. Eine noch hellere Variante ohne rote Einsprenglinge wird als **Untersberger Matsch** bezeichnet (macchiato, weißer Stein): weißer bis cremefarbiger, fein- bis mittelkörniger Kalkstein.

Untersberger Rosa (Hofbruch)/Neurosa (Mayr-Melnhof-Brüche): rosa bis hellrosa, fein- bis mittelkörniger Kalkstein mit wenigen hellen mittelkörnigen Einsprenglingen, helleren Grabgängen, manchmal mit wolkiger Färbung. Muster: Fa. Kiefer.

Untersberger Gelb: gelblicher bis gelblichgrauer, fein-, mittel- bis grobkörniger tonhältiger Kalkstein, weicher und daher leichter zu bearbeiten, jedoch für den Außenbereich nicht geeignet. Muster: Fa. Kiefer.

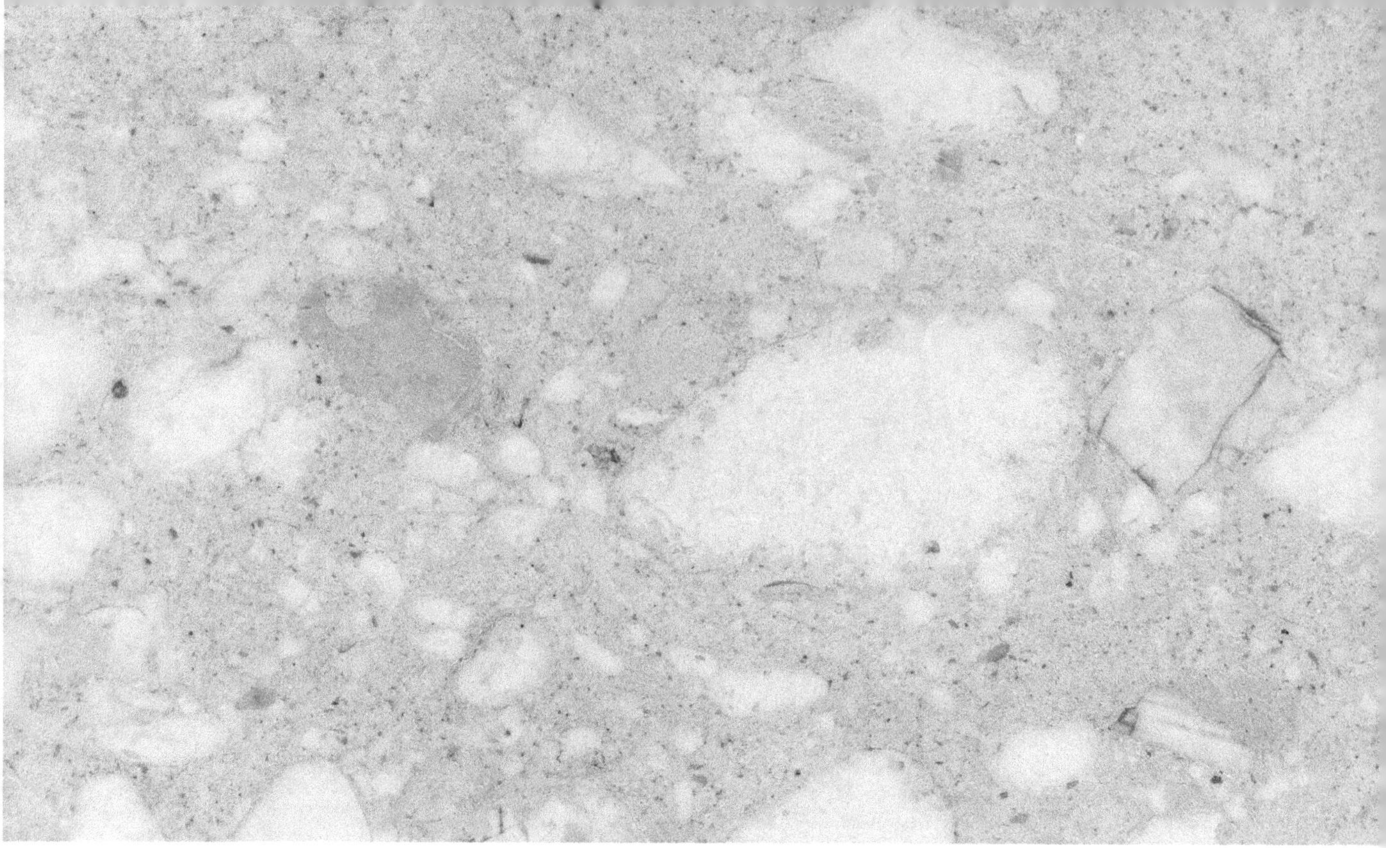

Untersberger Bretsch/Fa. Steindl (Fürstenbrunner Brekzie, Untersberger naturell/Fa. Kiefer). Hell, rötlich, bräunlich oder bunt, je nach Zusammensetzung der Gerölle oder Bruchstücke, mittel- bis grobkörnige Kalkbrekzie oder Konglomerat mit fein bis mittelkörniger Grundmasse aus Kalkstein. Muster: Fa. Steindl.

Untersberger Wildrot: dunkelroter bis braunroter fein- bis mittelkörniger tonhältiger Kalkstein; wurde im Veitlbruch abgebaut, und kommt manchmal in dünnen Lagen im unteren Bereich der Bänke auch in den anderen Brüchen vor. Marmorkugel: Untersbergmuseum Fürstenbrunn.

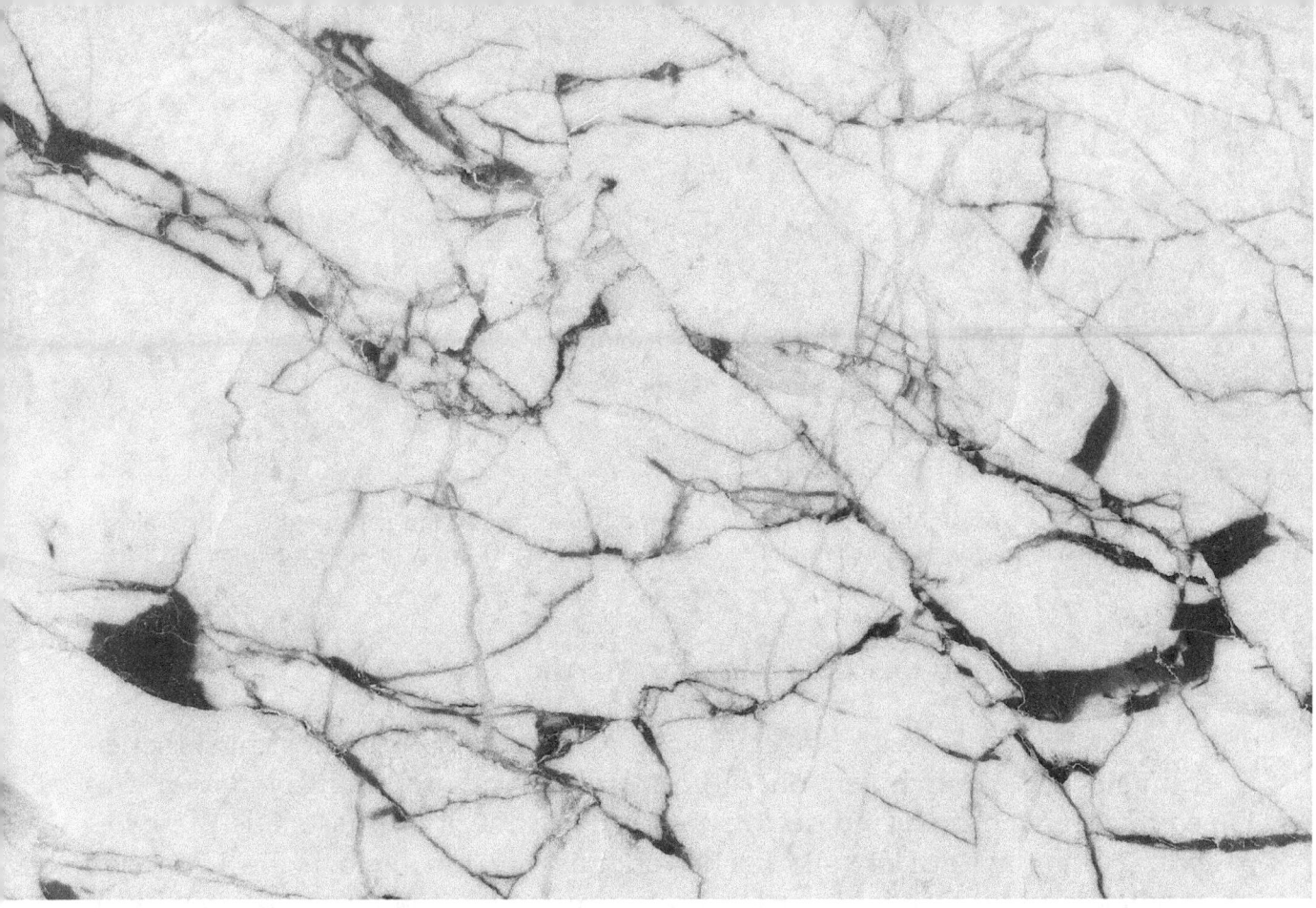

Barbarossa: beige bis gelblich mit rötlicher Aderung, fein- bis mittelkörniger Kalkstein mit ton- und bauxithältigen rötlichen Spaltenfüllungen, wurde früher im Veitlbruch abgebaut und ist zur Zeit in geringen Mengen im Bereich der Mayr-Melnhof-Brüche der Fa. Steindl erhältlich. Muster: Fa. Steindl.

Der Untersberger Wildrot und Barbarossa kommt nur vorübergehend in geringmächtigen Lagen vor und wurde wegen der rötlichen Farbe zeitweilig verwendet.

Der Barbarossa, ein beiger bis gelblicher Kalkstein mit rötlichen Spaltenfüllungen ist eigentlich ein zerbrochener Plassenkalk, dessen Spalten mit Laterit verfüllt wurden und als Großgeröll in den feineren Lagen eingebettet sind.

Unbrauchbare oder kaum verwendete Sorten sind grobbrekziöse Lagen mit bis zu 1 m großen Komponenten aus porösem Plassenkalk, meist in den untersten Lagen vorkommend, und missfarbiger fein- bis mittelkörniger Kalkstein, meist in den obersten Lagen vorkommend.

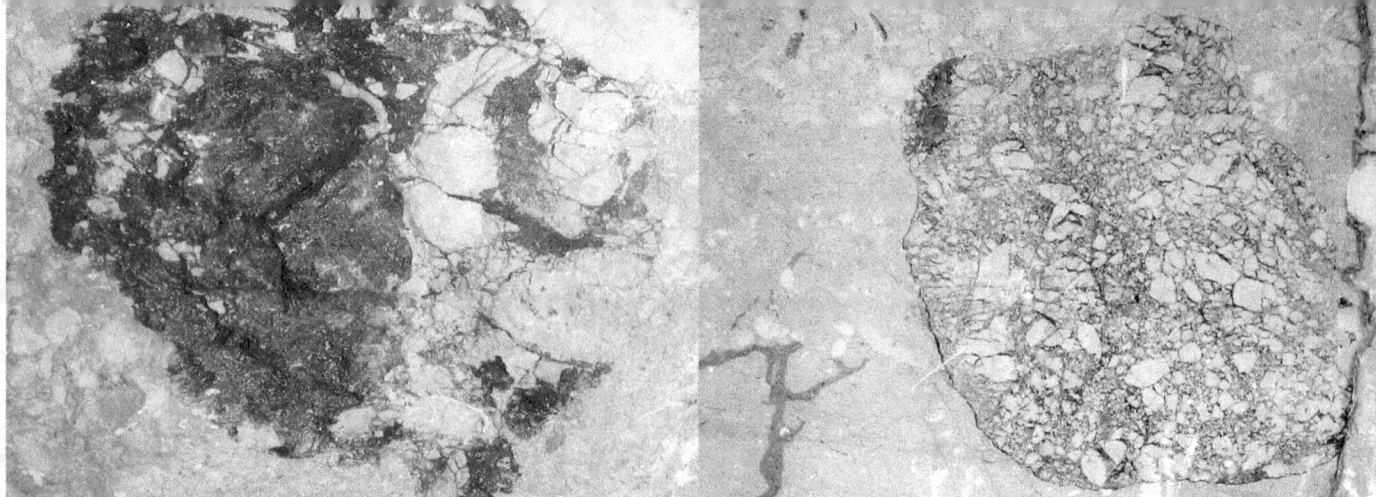

Beispiele für unbrauchbare Sorten: links eine 30 cm große Lateritflatsche in brekziöser Grundmasse; rechts eine sehr stichige Lage mit einer 30 cm großen eingelagerten Kalkbrekzie.

Die Verwitterung des Untersberger Marmors

Die Art der Verwitterung und das Ausmaß der Verwitterungserscheinungen an Werksteinen oder Skulpturen sind abhängig von den Gesteinseigenschaften und der Intensität der Umwelteinflüsse. Die Steinverwitterung wird auf physikalische, chemische und biologische Ursachen zurückgeführt, wobei in der Realität immer eine Kombination aller Ursachen, wenn auch mit verschiedener Wertigkeit, auftritt.

Der feinkörnige Untersberg Rosa und der fein- bis mittelkörnige Untersberg Hell (Forellenmarmor) verhalten sich wesentlich verwitterungsbeständiger als die grobkörnigen, konglomeratischen oder brekziösen Varianten und die tonhältigen Varianten Untersberg Gelb und Wildrot.

Physikalische Ursachen für die Gesteinszerlegung sind der ständige Temperatur- und Feuchtigkeitswechsel im Freien, der eine andauernde Dehnung und Schrumpfung des Gesteins bewirkt und letztlich zu einer Auflockerung des Korngefüges führen kann. Physikalisch wirksam ist auch die sprengende Wirkung von gefrierendem Wasser in Rissen und das Ausblühen von Salzen in Poren nahe der Oberfläche.

Bei den verwitterungsbeständigeren Varianten des Untersberger Marmors bewirkt dieser Mechanismus nur ein Herausbrechen der durch die mechanische Bearbeitung beschädigten Körnchen an der Oberfläche, dann tritt Stillstand ein.

Bei den verwitterungsanfälligen Varianten führt eine Erhöhung der Feuchtigkeit zu einer Ausdehnung und damit Auflockerung der tonreichen Lagen und Zonen. Bei den grobkörnigen Varianten sind die Komponenten oft in sich zerbrochen oder sie haben ein wesentlich höheres Porenvolumen, auch ist die Verkittung mit Kalkspat häufig nicht vollkommen. Daher kann die physikalische Gesteinszerlegung wirkungsvoll angreifen. Die Folge ist, dass die grobkörnigen Komponenten in sich zerbröseln oder als Ganzes herausbrechen.

Typisch verwitterte Oberfläche eines Untersberger Marmors mit herausgewitterten gröberen Körnern. Im Hintergrund wurde die Skulptur im Mirabellgarten jahrzehntelang mit Hosenböden poliert.

Die Lösung von Kalk durch kohlensäurehaltiges Regenwasser wirkt beim Untersberger Marmor auf lange Zeit chemisch. Dies bewirkt an exponierten Stellen eine Verminderung der Schärfe von Formen. Der Abtrag durch Regenwasser beträgt bei dichtem Kalkstein ca. 1 cm pro tausend Jahre. An geschützten Stellen fällt der gelöste Kalk unter der Bildung von Kalksinter meist mit Russ- und Tonpartikeln vermischt aus. Die anfänglich samtbraune Schicht wird mit zunehmender Dicke schwarz.

Sinterbildungen können zu einer Verhärtung der oberflächennahen Steinzonen und zu einer Zermürbung der tieferliegenden Steinzonen führen. Dies kann großflächige Abplatzungen zur Folge haben und einen Totalverlust der skulpturierten Oberfläche bedeuten.

Schwefelige Säure im Regenwasser wandelt den Kalkstein an der Oberfläche zu Gips um. Dies bewirkt im Wesentlichen einen Farbverlust, und der Stein erscheint weiß. Tieferliegende Gipsumwandlungen führen zu einer Zermürbung des Gesteins.

Bei den verwitterungsanfälligen Varianten des Untersberger Marmors können Salze in den Stein eindringen.

Dunkle Sinterbildungen an den vor Regen geschützten Stellen können nur mechanisch entfernt werden.

Abhängig von der chemischen Zusammensetzung des Regenwassers bilden sich im Wasser leicht lösliche Kalziumsalze (Sulfate, Nitrate und Chloride), die durch Poren und Risse in den Stein eindringen und sich dort anreichern können. Steigen sie beim Austrocknen nahe an die Oberfläche, kristallisieren sie dort aus und führen zu einer Salzsprengung.

Algen, Flechten und Wurzeln bewirken eine Unterwanderung des Steingefüges und eine mechanischen Sprengung von Rissen. Weiters bewirkt der Bewuchs, insbesonders an Nord- und Westseiten, einen erhöhten Feuchtigkeitsgehalt, welcher die chemische und physikalische Verwitterung begünstigt.

Häufig ist Verwitterung durch Salzsprengung im Sockelbereich. Wenn der Stein vom Boden her nicht gegen aufsteigende Feuchtigkeit geschützt ist, steigt salzhältiges Kapillarwasser auf. Nahe der Oberfläche kristallisieren die Salze aus und sprengen das Gefüge. Typisch sind wabenförmige Aushöhlungen.

Durch den pflanzlichen Stoffwechsel entstehen zusätzlich direkt an der Oberfläche Säuren, die das Gestein umwandeln. Generell ist die biologische Verwitterung in unseren Breiten weniger bedeutend als die chemisch-physikalische.

Linkes Bild: Aufnahme mit dem Rasterelektronenmikroskop einer durch den Stockhammer aufgeprellten Steinoberfläche mit oberflächenparallelen Abplatzungen.
Rechtes Bild: Es zeigt den selben Ausschnitt mit Gipsbildungen in den Rissen.

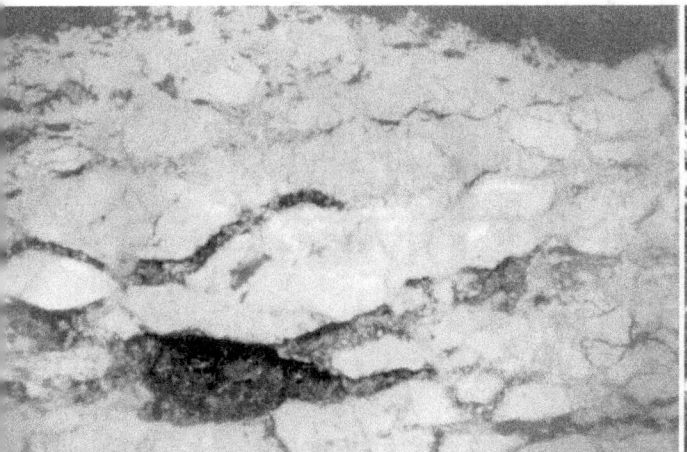
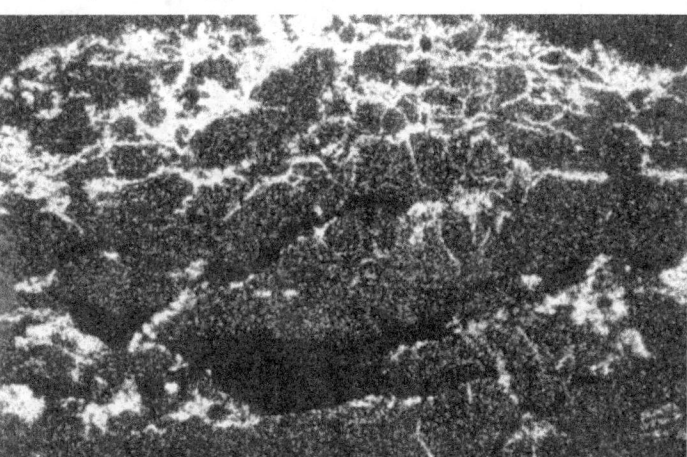

Oft ist es auch menschliches Fehlverhalten, das die Verwitterung verursacht oder beschleunigt. So kann ein unsachgemäßer Transport Risse bewirken, an denen wiederum die chemisch-physikalische Verwitterung verstärkt angreifen kann. Im 19. Jahrhundert wurden Kalksteine mit Salzsäure gereinigt. Dies bewirkte eine Erhöhung des Salzgehalts im Gestein und führte in der Folge zu einer erhöhten Salzsprengung an der Oberfläche. Auch die Verklebung der Oberfläche mit Wasserglas (kieselsaures Natron) oder das Auftragen von wasserundurchlässigen Schichten aus Epoxiharz kann zu ungewünschten Verfärbungen und zum Abplatzen der Oberfläche führen. Radikale Steinreinigung mit Stockhämmern, Winkelschleifern oder grobem Sandstrahlen sowie ein Abarbeiten auf den gesunden Kern führen zu einer Auflockerung des oberflächennahen Gefüges und zu Mikrorissen im Gestein.

Steinpflege und Prophylaxe

Steinpflege und die Abschirmung von Steinobjekten von kritischen Umwelteinflüssen sind zwar arbeitsaufwändig und teuer, können jedoch den Zeitraum zwischen wesentlich kostenintensiveren Restaurierungsarbeiten verlängern bzw. den vollständigen Zerfall von Objekten verhindern.

Steinpflege bedeutet im Wesentlichen die Reinigung der Oberflächen von Salzen, Sintern und Pflanzenbewuchs, wobei der Einsatz der Reinigungsverfahren auf den Stein, seinen Zustand und seine Verwitterungserscheinungen abgestimmt werden muss. Vor allem der intensive Einsatz von Wasser ist für den Stein sehr belastend und kann „Zeitbomben" (z. B. Salzanreicherungen) im Stein aktivieren. Die Reinigung mit Salzsäure oder säurehaltigen Pasten wird leider immer noch praktiziert. Der Vorteil ist, dass sie sehr schnell durchgeführt werden kann. Die Salzsäure im Stein hinterlässt jedoch wasserlösliche Cloride, die in der Folge die Verwitterung durch Salzsprengung beschleunigen.

Die Abschirmung eines Steinobjektes vor Umwelteinflüssen erfolgt im Wesentlichen durch dauernde Überdachung, Änderung des Wasserableitungssystems oder durch eine Einhausung während der kritischen Wintermonate. Eine Abschirmung des Gesteins mit wasserundurchlässigen und -abweisenden Überzügen verhindert zwar die Durchnässung und den Salztransport von außen, jedoch kann Wasser im Stein, das z. B. durch aufsteigende Feuchtigkeit eingedrungen ist, nicht an die Oberfläche. Dies hat eine dauernde Durchfeuchtung oder wesentlich längere Trocknungszeiten zur Folge.

Ein unvollständiger Überzug oder ein Schaden im Überzug ist wie ein Regenmantel mit Loch. Man wird nass und schwitzt!

Steinrestaurierung und Steinkonservierung

Nach vielen Fehlern in der Vergangenheit (Waschen mit Säuren und Laugen, radikale Steinreinigung mit Stockhämmern und grobem Sandstrahlen, Schutzüberzügen, die sich verfärben oder den Gesteinszerfall beschleunigen usw.) versucht man heute nach dem Prinzip des geringstmöglichen Eingriffes unter größtmöglicher Erhaltung der vorhandenen Substanz zu restaurieren und nach dem Prinzip der Reversibilität zu konservieren, d. h. die Verfestigung und Stabilisierung von Oberflächen soll ohne (wesentlichen) Materialverlust wieder entfernbar sein.

Trotz systematischerer Aufnahme und Dokumentation der Schäden bzw. früherer Maßnahmen und trotz der Verwendung wissenschaftlich getesteter Chemikalien zur Oberflächenfestigung kann immer etwas schief gehen. Als Beispiel die ungewünschten Folgen der Konservierung der Steinskulpturen im Salzburger Zwergerlgarten: Vor der Restaurierung waren die Zwerge typisch grau verwittert, nach der Reinigung, Restaurierung und Konservierung mit Paraloid B72 hatte die Oberfläche die typisch beige Farbe von Untersberger Hell. Während des folgenden Frühlings legten sich die harzigen Pollen der umgebenden Lindenbäume an der Oberfläche an und verklebten mit dem Acrylharz. Staub und Russ blieben an der Oberfläche kleben und bewirkten eine dauerhaften Schwarzfärbung.

Der Restaurierung eines Steinobjektes geht heute eine umfassende Aufnahme und Dokumentation des Objektes voraus. Dies umfasst eine kunsthistorische Analyse des Objektes und eine Erfassung des Ist-Zustandes.

Die Erfassung des Ist-Zustandes mit begleitenden Laboruntersuchungen bedeutet:

- Eine bildliche und planliche Bestandsaufnahme
- Die Dokumentation von Material, Konstruktion und Oberfläche
- Die Erfassung bereits früher erfolgter Maßnahmen
- Die Dokumentation der Art und des Ausmaßes der Verwitterungsformen und Schäden

Daraus folgen in Absprache mit dem Eigentümer eine Definition des Restaurierungszieles sowie eine Erstellung des Kataloges der Maßnahmen und verwendeten Materialien zur Gesteinsfestigung, Klebung, Kittung und Konservierung und außerdem deren Dokumentation.

Erfahrungen des Salzburger Bildhauers und Restaurators Walter Paulus mit Untersberger Marmor

Der Untersberger Marmor ist für bildhauerische Zwecke hervorragend geeignet. Er ist im bergfeuchten Zustand leicht zu bearbeiten und erlaubt die Ausarbeitung feiner Formen und weit ausladender Teile. Bei der Materialauswahl ist auf die Feinkörnigkeit und Homogenität des Materials zu achten, am besten geeignet ist der Untersberger Rosa. Die bevorzugte Verwendung dieser Sorte ist auch bei hochwertigen historischen Arbeiten zu beobachten. Die fein bis mittelkörnige Sorte Untersberger Hell ist wesentlich härter und schwieriger zu bearbeiten. Sie eignet sich daher besser für Bauelemente.

Bei bedeutenden Stücken aus Unterberger Marmor wird heute entsprechend der Vorgaben des Bundesdenkmalamtes mit folgenden Methoden restauriert:

Nachdem in den Laboruntersuchungen die Dicke der Sinter- und Gipsschicht und der oberflächennahe Salzgehalt (Versalzung) und das Korngefüge festgestellt wurde, wird je nach Schaden ein Reinigungs- und Restaurierungskonzept erstellt.

Üblicherweise wird zuerst die oberflächennahe Salzanreicherung mit Zellstoffkompressen entfernt. Dabei wird durch die Verdunstung des Wassers an der Außenfläche der Kompresse ein kapillarer Wassertransport angeregt. Dieser bewirkt im Vergleich zur „Bademethode" einen vergleichsweise schnellen Abtransport der Salze. Letztere kristallisieren dann in der Kompresse aus. Manchmal ist bei stark aufgelockerter Oberfläche eine Zwischenfestigung mit Paraloid B72 (gelöstes Acrylharz) notwendig.

Nach der Entsalzung müssen Sinterschichten, Mörtelreste usw. mechanisch entfernt werden. Dies geschieht mit einem Mikrosandstrahlgerät oder einem pneumatischen Mikromeißel.

Brüche werden mit Epoxiharz verklebt. Die Klebung wird vor allem beim Aufstellen im Freien mit Titan-, Karbonfaser- oder Nirostastiften verstärkt. Epoxiharz soll nie an die Oberfläche dringen, da die UV-Strahlung eine Braunfärbung bewirkt.

Zu ergänzende Bereiche und Kittungen werden mit alkalibeständiger Acrylharzdispersion (Primal) durchgeführt, die mit farblich abgestimmtem Kalkmehl- und Kalksandzuschlägen abgemischt wird. Der Vorteil der Primalkittung ist, dass der Kitt offenporig ist, über „längere Zeit" weich bleibt, gut haftet und die thermischen Bewegungen des Marmors mitmacht. Auch die Farbe der Primalkittung ist vergleichsweise beständig. Größere Primalkittungen im Außenbereich, z. B. die Ergänzung von Simsen, werden zusätzlich mit Metallstiften oder Drähten verstärkt. Größere Kittungen müssen in mehreren Arbeitsgängen durchgeführt werden, da es sonst zu Rissbildungen an den Rändern der Kittung kommt.

Die Primalkittung eignet sich nicht für den Bodenbereich, da sie zu weich und zu offenporig ist und so schnell abgenützt wird. Außerdem verfärbt sie sich durch Verunreinigungen sehr schnell.

Im Innenbereich wird Kitt mit Epoxiharz bevorzugt für Böden verwendet, da diese Kittungen widerstandsfähig sind und eine geschlosse-

ne Oberfläche haben. Polyesterkitte haben sich im Freien nicht bewährt, da der Kitt eine andere Wärmeausdehnung als der Stein hat. Diese so genannten Chemiekittungen haben sich daher nach wenigen Wintern bereits vom Objekt gelöst.

Feine Verwitterungsschichten aus weißem Gips werden belassen, da mit einer abschließenden Tränkung und damit einhergehenden Oberflächenverfestigung mit Paraloid B72 OH die ursprüngliche Farbe wiederhergestellt wird. OH bedeutet: ohne Hydrophobierung, d. h. ohne Silikonzusatz,. Eine Verwendung würde zwar eine Wasserabweisung bewirken, es könnte jedoch nicht mehr von der Oberfläche entfernt werden. Dies bedeutet, dass nachfolgende Kittungen nicht mehr möglich wären oder nur nach entsprechendem Gesteinsabtrag durchgeführt werden könnten.

Mit Paraloid gefestigte Oberflächen tendieren zur Bildung von schwarzen Ablaufrinnen. Vermutlich bleibt das aufgetragene Acrylharz vorwiegend an der Oberfläche, da der Untersberger Marmor kaum offene Poren hat.

Steinbrüche und Abbaumethoden

Die Steinbrüche

Man unterscheidet die ältere tiefere Gruppe der Fürstenbrüche der Fa. Kiefer und eine jüngere obere Gruppe der Mayr-Melnhof-Brüche. Letztere werden seit 1901 abgebaut. Dazu kommt der 1949 stillgelegte alte ca. 1 km westlich liegende Veitlbruch. Der heute zu einem einzigen Bruch zusammengewachsene Fürsten- oder Kieferbruch besteht aus verschiedenen alten Teilen. Der älteste Bruch ist der östlich liegende Hofbruch.

Der Kalkstein wird von 6-15 m hohem Moränenschutt überlagert. Dieser ist zum Teil so fest verkittet, dass er nur durch Sprengen entfernt werden kann. Die Lagerung dieses Moränenschuttes ist heute im Bereich des Steinbruches kaum mehr möglich, und er muss daher teuer mit den kleinen Bruchstücken zusammen abtransportiert werden. Bei den oberen Mayr-Melnhof-Brüchen ist man heute aus Gründen des Landschaftsschut-

Luftbild des Abbaugebietes
© SAGIS, Datenquelle: www.salzburg.gv.at/landkarten

zes dazu übergegangen, den Marmor unterirdisch abzubauen. Im Reindlbruch, der ca. 3 km westlich vom Latschenwirt liegt, wurde nicht, wie man früher annahm, Untersberger Marmor, sondern Plassenkalk abgebaut.

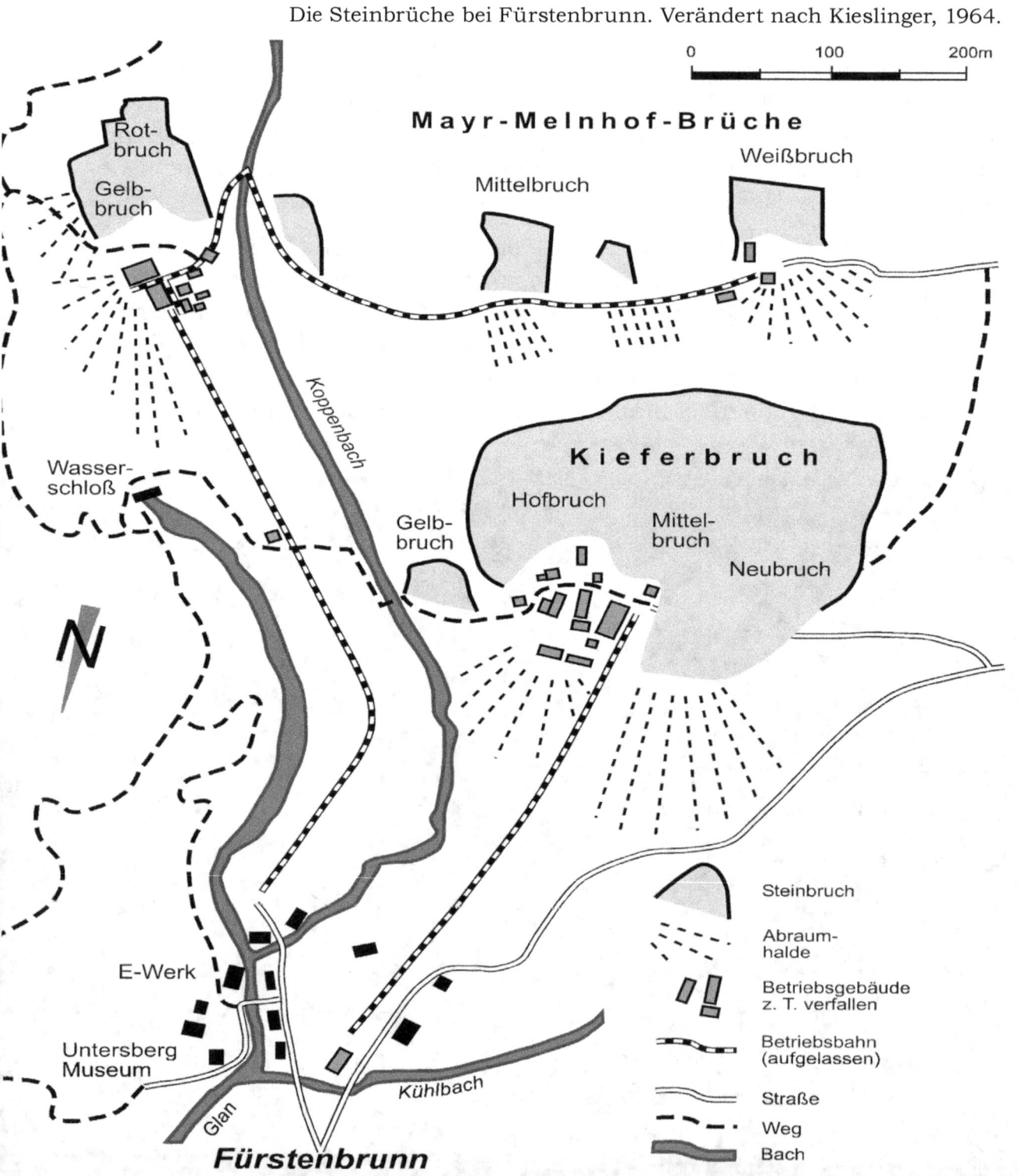

Die Steinbrüche bei Fürstenbrunn. Verändert nach Kieslinger, 1964.

Der Hofbruch des unteren (auf ca. 575 m Höhe gelegenen) Fürsten- oder Kieferbruchs wurde vermutlich schon seit der Römerzeit abgebaut. An den Hofbruch erinnert heute noch eine alte Schrämmwand nahe dem Verwaltungsgebäude. Der westliche Teil ist der im letzten Viertel des 17. Jahrhunderts geöffnete Neubruch (Weißbruch), der einen ganz hellen Stein lieferte. Nach der Erwerbung des Bruchgebietes durch die Kiefer AG 1886 wurde der Mittelbruch angelegt. Seither sind alle Brüche zu einem einzigen Bruch zusammengewachsen. Der Abbau hat sich lange Zeit bergauf bis zur Grenze der anschließenden Mayr-Melnhof-Brüche verschoben. Erst in jüngster Zeit wird im Bereich Hofbruch wieder in die Tiefe abgebaut. Östlich der Fürstenbrüche befindet sich noch der kleine Gelbbruch. Sein Material wurde für die Herstellung von Terrazzo verwendet.

Die seit 1901 betriebenen auf 650 m Höhe gelegenen Mayr-Melnhof-Brüche gliedern sich in den östlich des Koppengrabens gelegenen Gelbbruch mit dem darüber liegenden Rotbruch. Westlich davon liegen der Mittelbruch (Hinterer Bruch) und der Weißbruch (Vorderer Bruch), sowie drei kleine unbenannte Versuchsbrüche. Zwischen dem Hinteren Bruch und dem Vorderen Bruch wird heute durch die Fa. Wallinger ein unterirdischer Abbau in zwei Stockwerken durchgeführt.

Im ca. 1 km westlich beim Kühlbachgraben auf ca. 600 m Höhe gelegenen Veitlbruch wurde wahrscheinlich schon zur Römerzeit abgebaut. Die Anlage wurde 1949 stillgelegt. Sie besteht im Wesentlichen aus zwei großen Brüchen: Einem tiefer liegenden älteren und einem höher liegenden jüngeren. Der Bruch enthält alle Untersberger Sorten und wurde durch seine schönen bunten Kalkkonglomerate und den Barbarossa, einen gelben Stein mit rötlicher Aderung, bekannt.

Moderner Tagbau im Kieferbruch.

Von 2000-2006 wurde im Bereich der Mayr-Melnhof-Brüche von der Fa. Wallinger der Marmor im Untertagebau abgebaut.

Blockgröße und Anteil der verwertbaren Werksteine

Das Gestein ist in regelmäßige parallele Bänke gegliedert, die mit 25-30° (Veitlbruch bis 35°) gegen Norden einfallen und die zwischen 2,2 und 3,5 m Dicke variieren. Zusätzlich ist eine Klüftung zu beobachten, die oft erst nach dem Herausbrechen des Steines sichtbar wird. So genannte Stiche (Klüfte) liegen vielfach schräg und fallen manchmal spitz zu den Bankungsflächen ein, so dass oft unregelmäßige Rohstücke anfallen.

Die Anteile der wertvollen größeren Blöcke und der geringerwertigen kleinen Stücke (werden für Bodenplatten verwendet) liegt zwischen 10 und 30%. Das übrige Material ist Schutt.

Früher wurde der Schutt zum Kalkbrennen (vor Ort) verwendet, heute dient er als Zusatzstoff für die Betonerzeugung der Fa. Leube. Im Laufe der Zeit wurden jedoch immer wieder riesige Stücke verarbeitet. Beispiele hierfür sind die Säulen der Kajetanerkirche mit 8 m Höhe und die oberste Muschel des Residenzbrunnens mit einem Durchmesser von 5 m. Für die Herstellung des Wittelsbacher-Brunnens in München wurden zwei Blöcke mit je 36 m³ verwendet.

Abbaumethoden im Wandel der Zeiten

Die Art der Steingewinnung ist seit der Römischen Zeit im Wesentlichen gleich geblieben. Es gilt jedoch zu beachten, dass seit Ende des 19. Jahrhunderts die Arbeit durch Maschineneinsatz erleichtert und beschleunigt wurde. Um große Blöcke zu gewinnen, muss durch drei Schlitze (Schrote) ein großer Körper freigestellt werden. Erst dann kann dieser aufgekeilt und durch das Einschieben von Rundhölzern (später Eisenkugeln) hinabgerollt werden. Das Ausarbeiten der Schrote erfolgte früher durch Spitzhacken (Zweispitz), die an den Wänden die typischen Schrämmspuren hinterlassen haben (heute sichtbar bei einem übrig gelassenen Block in der Nähe des Verwaltungsgebäudes des Kieferbruchs und im unteren Veitlbruch). Die Ausarbeitung der Schrote erforderte mitunter bis zu einem Jahr Zeit. Erst dann war es möglich große Blöcke zu gewinnen. Ein Arbeiter leistete pro Tag einen Laufmeter an einem 40 cm breiten und 30 cm tiefen Schacht.

Über den Vorgang des Steinbrechens berichtet J. G. Kohl (1842): ....Diese Spalten nennen die Steinhauer am Untersberge „Lassen". Wenn ein losgebrochenes Stück solche Lassen hat, so fällt es in unregelmäßig geformte Theile auseinander. Natürlich ist es sehr schwierig und es gehört eine genaue Kenntniß der Marmorstructur dazu, die Lagerung und die zu vermuthenden Lassen im Steine zu berechnen und darnach und nach anderen Umständen zu bestimmen, wie, wo und wie groß das vom Berge zu trennende Marmorstück anzulegen sei. Gewöhnlich suchen sie auf einmal so große Massen als nur möglich zu lösen und separirt vom Berge auf den horizontalen Boden zu schaffen, weil dort die Bearbeitung der einzelnen kleinen Steine leichter ist.
Bei unserer Anwesenheit hatten sie einen Block ausgehauen von nicht weniger als 6 Klaftern Tiefe (in den Berg hinein), von 6 Klaftern Länge und 3 Klaftern Höhe (1 Klafter ist ca. 1,8 Meter). Sie berechneten ein Gewicht zu 22000 Centnern, was genau mit der Angabe übereinstimmte, daß der Kubikschuh dieses Marmors einen Centner und 25 Pfund wöge. Um diese Stück vom Berge zu trennen, hatten sie eine 18 Zoll breite, 6 Klaftern tiefe und 18 Fuß hohe Spalte in den Berg eingehauen und mit einer ebernsolchen Spalte den Block hinten am Rücken gelöst. Diese Spalte ging unten bis auf ein neues Lager des Marmors hinab. Hier unten an der Basis sollte er nicht durch einen solchen mühseligen Spalt, sondern blos durch Keile getrennt werden, welche schon eingesetzt waren. Diese Keile sind zuerst klein und werden rund umher gleichmäßig angezogen. Wenn sie ihr Möglichstes gethan haben, so werden größere Keile dazwischen geschoben, die den Riß so weit erweitern, bis man eiserne Kugeln hineinbringen kann, auf denen dann der Block hinabrollt. Sie hofften dann daß das ganze Stück gesund und ohne Lassen sein würde. Unten sollte es dann in kleine Stücke zu 300 bis 400 Centnern zerlegt werden. Solche Parallelepipeden zu 300 bis 400 Centnern sahen wir am Rande des Marmorbruchs in Menge liegen. Diese Massen waren für verschiedene Gebäude in München bestimmt. Unten am Fuße des Marmorbruches befindet sich eine Sägemühle, welche die großen Blöcke, wenn es nöthig ist, wieder in solche Platten und Theile zersägt, wie man sie zu haben wünscht.

Steinhauer beim Schroten mit dem Zweispitz. Bildquelle: Untersbergmuseum.

Zu Beginn des 20. Jahrhunderts wurde eine dampfgetriebene Drahtseilsäge zum Schneiden der „Schrote" eingerichtet. Ein Endlosseil aus Stahl wurde mit Umlenkrollen an den Stein herangeführt und mit feuchtem Quarzsand beschickt. Ein Modell der Gesamtanlage befindet sich im „Haus der Natur" in Salzburg. Um die Umlenkrollen in die Tiefe des Steines versenken zu können, wurden Schächte von einem Meter Durchmesser herausgemeißelt. Dieses Verfahren war besonders langwierig. Die Schächte wurden später durch eine Kernbohrmaschine hergestellt. Der Schnitt vertiefte sich ca. 4-6 cm in der Stunde. Zur seitlichen Begrenzung des „Stockes" waren aber nach wie vor Schrämmschlitze (Schächte) nötig. Diese wurden mit zwei Sägeschnitten in ½ m Abstand gezogen, zwischen denen der Stein händisch herausgearbeitet oder herausgeschossen

wurde. Abschließend erfolgte der Basisschnitt. Zeitweilig wurde der Stock durch eine schwache Treibladung aus Schwarzpulver losgelöst. Aus Gründen der Wirtschaftlichkeit erzeugte man immer höhere Stöcke mit 4 - 8 m Höhe und einem Rauminhalt der Blöcke von 50 - 5.000 m³.

Im Kieferbruch wurde bis in die 80er-Jahre des vorigen Jahrhunderts mit der Drahtseilsäge und mit Quarzsand geschnitten. Bildquelle: Marmor Kiefer GmbH Oberalm.

Freilegen eines Blockes mit der Diamantsäge. Bildquelle: Marmor Kiefer GmbH, Oberalm.

Beim Untertagebau der Fa. Wallinger (bis 2006) wurde mit einer 7 m breiten und 4,6 m hohen Schwertsäge gearbeitet, die in der Kaverne verspreizt wurde. Die Rückwand wurde mit einer Seilsäge herausgeschnitten. Der Abbau gestaltete sich folgendermaßen: Zuerst wurde mit der Schwertsäge mit zwei vertikalen und mit zwei horizontalen 2 m tiefen Schnitten der Block freigelegt. Ein weiterer vertikaler Schnitt im Abstand von 1 m zur Felswand diente zur Herstellung eines vertikalen Schrotes. Der dazwischen liegende Stein wurde mit pneumatisch betriebenen Blechkissen herausgedrückt. In den Schrot wurde eine Umlenkrolle gestellt, ein Diamantseil eingefädelt und abschließend wurde die Rückwand herausgeschnitten.

Einsatz einer Schwertsäge im Untertagebau nach Fa. Korfmann.

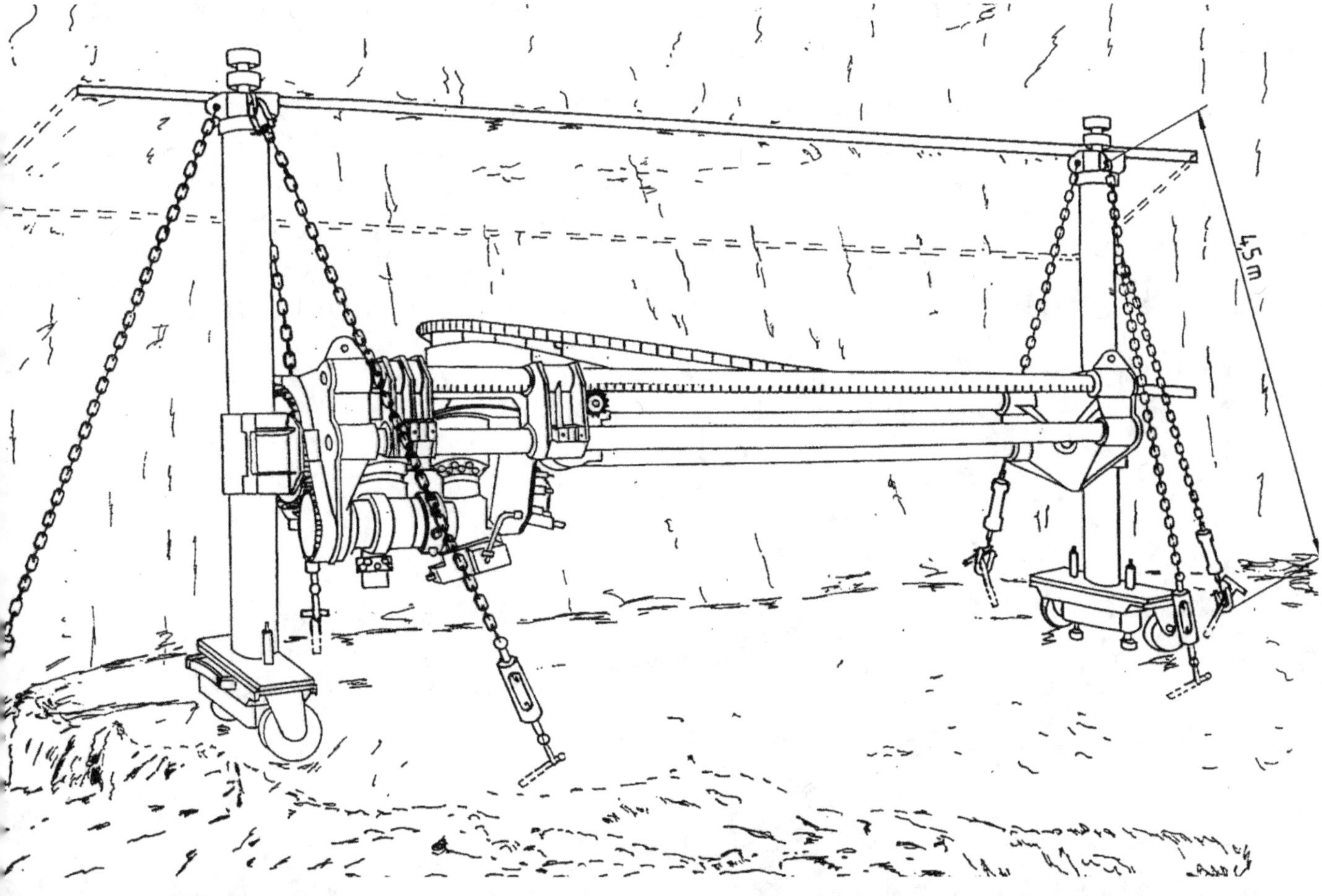

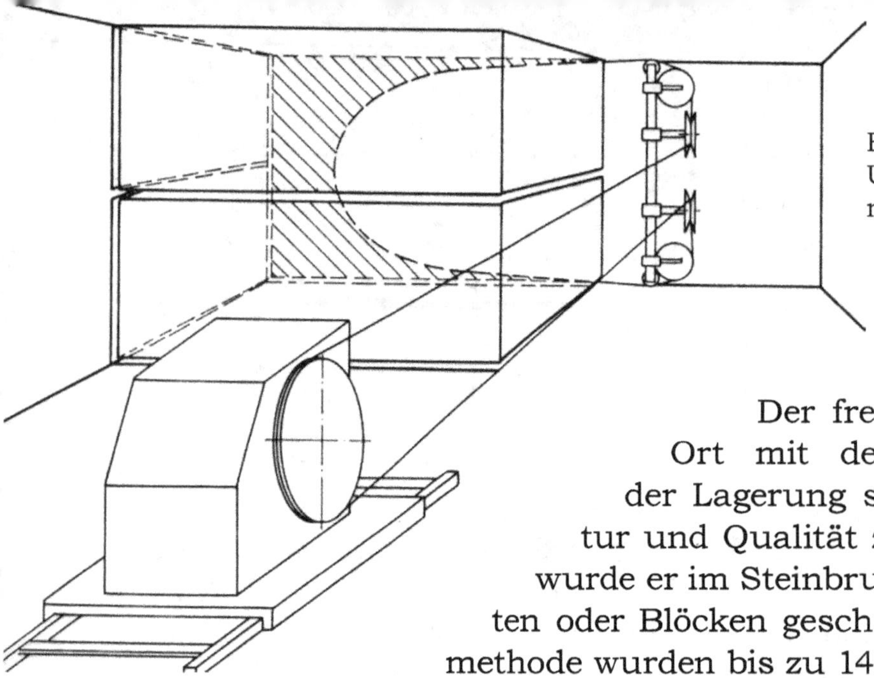

Einsatz einer Diamantsäge im Untertagebau nach Fa. Korfmann.

Der freigelegte Block wurde vor Ort mit der Diamantsäge entlang der Lagerung sowie nach Farbe, Struktur und Qualität zerkleinert. Anschließend wurde er im Steinbruch zu den bestellten Platten oder Blöcken geschnitten. Mit dieser Abbaumethode wurden bis zu 14 m breite und 4,6 m hohe Kavernen angelegt. Im Abbauplan sind zwei nebeneinander liegende Kavernen im Abstand von 5 m zwischen dem Mittelbruch und dem Weißbruch vorgesehen.

Diese Abbaumethode hatte den Vorteil, dass die bis zu 8 m mächtige und verkittete Moränenüberdeckung nicht entfernt werden musste. Es mussten lediglich die geeigneten Bänke herausgeschnitten werden. Der unterirdische Abbau ist auch umweltverträglich und dem Landschaftsschutz angemessen.

Der Nachteil dieser Abbaumethode lag darin, dass die Schnitte schräg zur Schichtung des Gesteins geführt wurden und daher sehr unregelmäßige und nur verhältnismäßig kleine Blöcke abgebaut werden konnten.

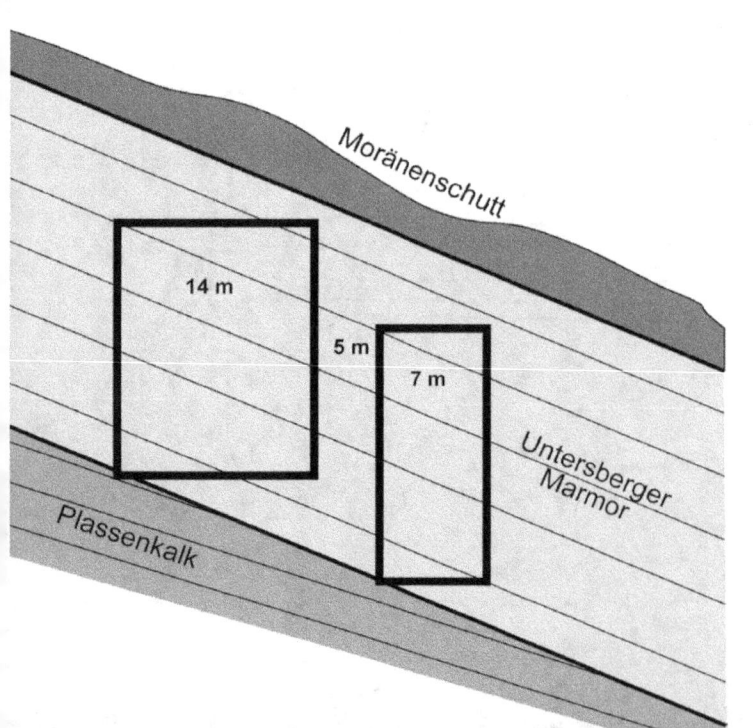

Größe und Lage der Abbaukavernen zueinander, betrieben durch Fa. Wallinger bis 2006.

Schlusswort

Über Jahrhunderte hat sich der Untersberger Marmor für zum Teil schwierigste Bildhauerarbeiten bewährt, die wegen seiner außerordentlichen Verwitterungs- und Formbeständigkeit bis heute erhalten geblieben sind. Im Moment ist dieses Material durch seine vorwiegende Verwendung im profanen Bereich als Wandverkleidungen und für Bodenplatten zwar etwas unterbewertet, eine Renaissance dieses Steins in Kombination mit neuen Verarbeitungsrechniken ist aber absolut zu erwarten.

Verwendete Literatur

Gebhard, D., 1997: Kalkstein und eine besondere Art der Gewinnung, Berg- und Hüttenmännische Monatshefte, Heft 10/97, S. 429-431.
Hagenauer, N., 1991: Der Marmorabbau im Bruch Untersberg in den Jahren 1938 bis 1958, unveröff. Diplomarbeit der Univ. Sbg., 103 S.
Hasecke-Knapchyk, H., 1994: Der Untersberg bei Salzburg. in: ÖAW, Veröff. d. österr. MaB-Progr., 15 (1989), S. 92-106.
Heger, N., 1973: Salzburg in Römischer Zeit, SMCA Jahresschrift, Bd. 19, 235 S. Salzburg
Langenscheidt, E., 1994: Geologie der Berchtesgadener Berge, Berchtesgaden, S. 24-76.
Krenmayr, H. G. (Hrsg.), 1951: Brot und Eisen Salzburg, Festschrift der Handelskammer Salzburg.
Kieslinger, A., 1964: Die nutzbaren Gesteine Salzburgs, S. 262-317, Salzburg /Stuttgart.
Kieslinger A., 1961: Die Besitzverhältnisse der Untersberger Marmorbrüche im 19. Jahrhundert, Mitt. d. Ges. Sbg. Landesk., Bd 101, S. 309-315, Salzburg.
Marktggemeinde Grödig (Hrsg.), 1990: Aus der Geschichte eines alten Siedlungsgebietes, 383. S., Grödig.
Marmor Kiefer, 1987: Naturwerkstein am Bau, Thema des Monats & Firmenporträt, Sonderdruck aus Steinmetz + Bildhauer, Heft 10, S. 2-12. München.
Marmor-Industrie Kiefer A.G., 1912: Bruchbeschreibung, Oberalm.
Marmor-Industrie Kiefer A.G., 1912: Jubiläumsmappe, Oberalm.
Oberhauser, R., 1963: Die Kreide im Ostalpenraum Österreichs in mikropaläontologischer Sicht, Jb. Geol. B.A., Bd. 106, S. 1-88, Wien.
Restauratorenblätter der Österreichischen Sektion des IIC (Hrsg.), 1997: 20 Jahre Steinkonservierung 1976-1996, 205 S., Klosterneuburg - Wien.
Schlager, M., 1930: Zur Geologie des Untersberges bei Salzburg, Verh. d. Der Geol BA., Nr. 12, S. 246-255, Wien.
Salzburger Volkszeitung, 4.6.1938: Marmor, der schöne deutsche Naturstein, S. 7, Salzburg.

Anhang

Empfehlungen für Hausfrauen und Hausmeister

Im Außenbereich können Verunreinigungen und Pflanzenbewuchs mit Bürsten oder (vorsichtig!) mit Hochdruck-Wasserstrahlern entfernt werden. Von der Verwendung kalklösender Chemikalien (Essig, Salzsäure etc.) ist abzuraten, da diese die Verwitterung beschleunigen. Stark verfärbte Sinter können auch mit Säuren nicht entfernt werden. Ihre (mechanische) Entfernung soll einem Fachmann überlassen werden.

Auch der Innenbereich sollte nicht mit kalklösenden Chemikalien gereinigt werden, da diese die Politur zerstören. Stattdessen sollte auf natürliche Schmierseife zurückgegriffen werden (die meisten anderen Reinigungsmittel enthalten Säuren). Kalkablagerungen lassen sich durch Trockenwischen nach der Reinigung oder nach dem Baden verhindern. Sind Kalkablagerungen einmal vorhanden, kann man versuchen, sie mit Bürsten oder weichen Polierscheiben zu entfernen. Meistens ist jedoch ein Fachmann zu Rate zu ziehen.

Für die Pflege von Marmor im Außenbereich kann nach den Empfehlungen des Bundesdenkmalamtes Paraloid B72 oder silikonhältiges Paraloid verwendet werden. Es soll nur sehr dünn aufgetragen werden, da der Untersberger Marmor kaum Poren hat, die das Paraloid aufnehmen können. Angemerkt sei, dass es farbaufhellend wirkt und wasserdurchlässig bleibt. Für den Innenbereich soll mit Terpentin verdünntes Wachs verwendet werden. Dieses muss nach dem Auftragen poliert werden. Matt gewordene Oberflächen können mit Oxalsalz (giftig!) wieder aufpoliert werden, dies sollte jedoch einem Fachmann überlassen werden.

Auch regelmäßig gewachste Küchenplatten können durch säurehältige Frucht-oder Gemüsesäfte bei entsprechender Einwirkzeit angegriffen werden. Ein rasches Reinigen nach dem Kochen ist daher unbedingt erforderlich.

Empfehlungen für Architekten

Generell eignet sich der Untersberger Marmor hervorragend für Böden und Wandverkleidungen im Außen- und Innenbereich. Bei Wandverkleidungen sollte eine Mindestdicke von 3 cm eingehalten werden. Gerade im Außenbereich ist eine sorgfältige Materialauswahl wichtig. Das Material sollte stichfrei und ohne grobe Komponenten sein. Die feinkörnigen homogenen Sorten des Untersberger Marmors sind sehr verwitterungsbeständig. Die tonmineralhältigen gelben und wildroten Sorten haben eine geringere Härte und können schwellen. Dadurch verlieren sie an Festigkeit. Die brekziösen und konglomeratischen Sorten sind zwar sehr attraktiv, verlieren jedoch nach einigen Wintern die Kornbindung zwischen den groben Komponenten. Dies bedeutet, dass die Steine dann herausfallen können. Ebenso können die groben Komponenten wegen ihres erhöhten Porenvolumens zerreißen.

Links: Feinkörniger homogener Unterberger Marmor.
Rechts: Brekzöser inhomogner Unterberger Marmor.

 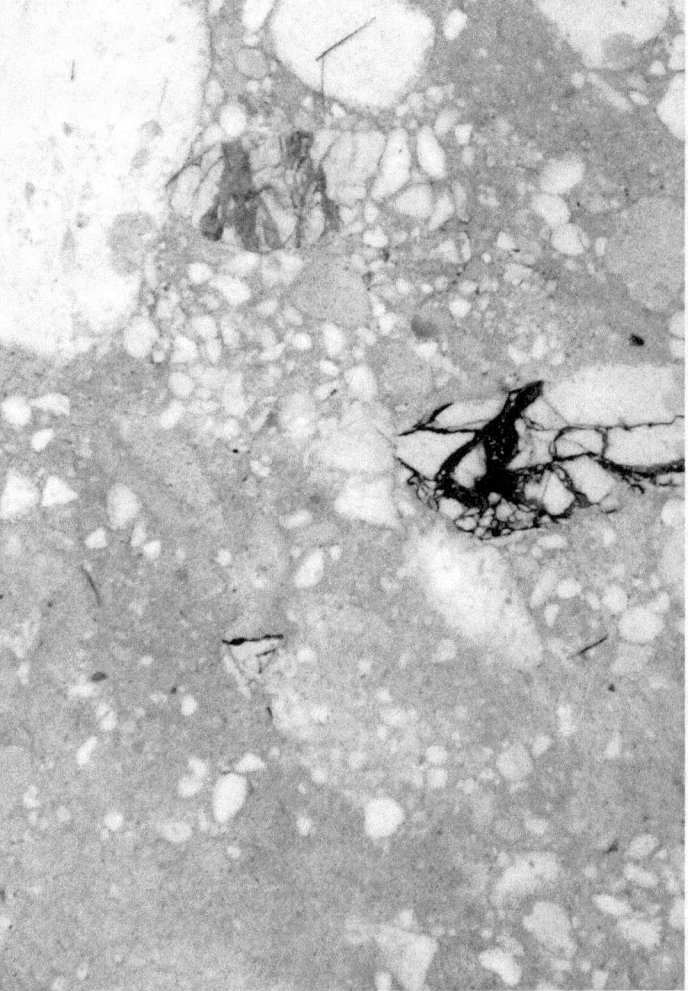

Für den Innenbereich können alle Sorten verwendet werden.

Die Art der Oberflächenbehandlung ist abhängig vom Ort der Verwendung. Im Außenbereich verlieren polierte Platten sehr schnell ihre Politur, daher sind für Wandverkleidungen geschliffene oder sandgestrahlte Platten zu empfehlen. Ein Verbiegen von Fassadenplatten wurde beim Untersberger Marmor noch nie beobachtet.

Die Oberfläche von Bodenplatten im Außenbereich muss eine entsprechende Rauhigkeit aufweisen (gestockt oder angespitzt), da sonst im Winter erhöhte Rutschgefahr besteht (siehe Naturwissenschaftliche Fakultät und Toskanatrakt der Universität Salzburg).

Die Politur von Wand- und Bodenverkleidungen im Innenbereich ist lange haltbar, wenn sie entsprechend gepflegt wird. In Eingangsbereichen sollten jedoch geschliffene, sandgestrahlte oder gebürstete Platten verwendet werden, da die Politur durch den feinen Quarz des Straßenstaubes schnell zerkratzt wird.

Moderne Fassadengestaltung mit Untersberger Marmor: Museum der Moderne Salzburg.

Portal der Naturwissenschaftlichen Fakultät der Universität Salzburg

Steckbrief

- Er ist chemisch sehr rein. So besteht er bis zu 98% aus Calziumkarbonat mit geringen Mengen an Aluminium- und Eisenoxyden und organischen Substanzen. (Untersberger Hell und Untersberger Rosa).

- Die Sorten Untersberger Gelb und Wildrot enthalten Tonminerale und haben eine deutlich geringere Festigkeit.

- Die Druckfestigkeit variiert zwischen 1.440 und 1.770 kg/cm².

- Die Dichte liegt bei 2,7 g/cm³ (geringe Porosität).

- Die Wasseraufnahme liegt bei 0,28 Gew. % (vergleichbar mit Granit).

- Bei Fassadenplatten wurden ab einer Plattendicke von 3 cm noch keine Verbiegungen festgestellt.

- Im Gestein sind Restspannungen vorhanden. Sägeschnitte können innerhalb eines Jahres von 6 mm auf Null zusammengehen

- Die feinkörnigen Sorten sind verwitterungsbeständiger als die konglomeratischen oder brekziösen Sorten.

- Wie jeder Marmor und Kalkstein ist er auf Dauer im Freien nicht feinpoliturbeständig. Die Verwitterung ist jedoch begrenzt: Nach dem Herauswittern der durch die Bearbeitung beschädigten Körner tritt Stillstand ein. So kann man an vielen alten Denkmälern eine erstaunlich gute Erhaltung heikler Kanten feststellen.

- An regengeschützten Stellen können sich Versinterungen bilden, die lange Jahre samtbraun, aber schließlich nach Jahrzehnten derart dick werden, dass sie schwarz wirken.

- Im Schadensfeuer springen herausragende Teile ab, von glatten Flächen platzen hingegen oberflächenparallele Scherben ab.

www.ingramcontent.com/pod-product-compliance
Lightning Source LLC
Chambersburg PA
CBHW082216220526
45470CB00010B/3193